欧美时装立裁

设计与实训

戴晨辉　孙小杰　冷洪武　著

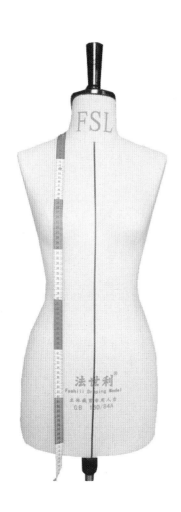

中国纺织出版社

内 容 提 要

本书以欧美最新国际品牌经典女装为实例，结合日本、欧洲、美国立体裁剪风格，采用法世利OFSLLI服装工业立裁人台，全面地介绍了当代最新立体剪裁方法。

本书以2011～2014年巴黎、米兰、纽约时装周发布的部分经典作品为例，展示了从工业人台选定——实战立体剪裁——创意立体裁剪——手工花和盘扣设计的全过程。全书共分为5章，包括立体裁剪基础操作、立体裁剪实践操作、欧美经典款式实战、婚纱礼服操作、手工花与盘扣。本书采用精美的彩色印刷，图文并茂地演示了各款经典作品的全部制作过程，内容实操，是服装设计师、制板师以及专业高校师生必备的参考用书。

图书在版编目（CIP）数据

欧美时装立裁：设计与实训 / 戴晨辉，孙小杰，冷洪武著. --北京：中国纺织出版社，2016.3

ISBN 978-7-5180-2285-4

Ⅰ．①欧… Ⅱ．①戴…②孙…③冷… Ⅲ．①时装－立体裁剪 Ⅳ．①TS941.631

中国版本图书馆CIP数据核字（2016）第009103号

责任编辑：华长印　　特约编辑：彭　洁　　责任校对：王花妮
责任设计：何　建　　责任印制：何　建

中国纺织出版社出版发行
地址：北京市朝阳区百子湾东里A407号楼　邮政编码：100124
销售电话：010—67004422　传真：010—87155801
http：//www.c-textilep.com
E-mail：faxing@c-textilep.com
中国纺织出版社天猫旗舰店
官方微博http：//weibo.com/2119887771
北京千鹤印刷有限公司印刷　各地新华书店经销
2016年3月第1版第1次印刷
开本：889×1194　1/16　印张：9.5
字数：75千字　定价：52.80元

序

与戴晨辉先生相识很偶然，2014年中国服装周期间，我们在与服装学院几个朋友的聚会中相识。他中等身材，从我们的言语中流露出这是一位有想法和有能力的服装人。后来从我们不断深入的合作中得以证明，戴先生确实是一位诚实、有很强业务水平的好朋友。戴先生是北京金都服装学校创始人，1999年、2004年分别被北京劳动和社会保障局评为"先进工作者"，他创办中国服装界QQ平台，每年免费开办技术交流课；他主持研发法世利OFSLLI服装工业人台，2013年被"中国服装时报"刊登为"中国首家开创为服装企业量身定制人台"，2014年法世利人台被东方卫视"女神新衣"节目选用，他凭着对服装技术的热爱，投身于服装行业，并勤于钻研。多年来，在总结前人经验的基础上，戴先生形成了一套自己的技术方法，不断改进，并应用于教学实践。

受戴晨辉先生委托，为本书作序，也借此机会，谈一点想法。有朋友说"衣服"和"服装"是两个概念，衣服是用来遮体保暖的，服装是用来美化生活的，这就给我们的从业者提出了更高要求，如何做出更好的"服装"。回顾过去20年国内的服装品牌，能够"幸存"下来的寥寥无几。究其失败原因，各不相同，但其共性是，存在投机心理，不是真正热爱这份事业，行情好的时候，一哄而起，行情差的时候，一哄而散，"只有退潮时才知谁在裸泳"。当前，中国的经济进入"新常态"，服装行业不会继续快速发展，服装产能巨大，同质化严重，如何才能转型升级而不被市场淘汰，"创新思想"和"工匠精神"是必备的品质！

作为服装行业的技术人员，秉持"工匠精神"显得尤为重要。阅读本书，从中可以看到作者的"求精、耐心和专业"的工作态度，也希望广大读者，能够以更加敬业的精神，学习和研究服装专业技术，为美化我们的生活努力。以此为序，与大家共勉。

纪晓峰

中国纺织服装教育学会秘书长

前　言

　　当前国内的立体裁剪（简称：立裁）技术融合了日本剪裁、欧洲剪裁、美国裁剪技术，逐渐由应用普及型立体裁剪向工业化立体裁剪和创意设计型立体裁剪方向发展，目前的立体裁剪不再是日本流派或欧美流派的竞争，而是工业制板师和设计师结合自己的客户市场将立体裁剪与平面裁剪、CAD电脑设计进行综合使用，使之发挥最大作用，更加完美地表现服装的穿着和展示效果。

　　"软雕塑艺术"——服装设计与制板是一个发现美、欣赏美、创造美的行业，也是一种集摄影艺术、美容美发、绘画艺术、人体艺术、形象设计、纺织面料、陈列设计、人体工程学、材料创新、媒体宣传等为一体的综合学科。作为一名职业的服装人需要不断地向日本、欧美国家学习先进的技术，并开拓创新。多年以来，我参观和考察了许多国内外大中院校、服装企业，拜访了国内外诸多服装界名人，进一步提高了自己的鉴赏能力，加深了对服装立体裁剪技术的理解。

　　"好的服装板型＝好的设计师＋好的服装制板师＋好的服装设备和工业人台"，我们通过服装立体裁剪技术的发展变化可以看到服装材料学、服装设备的不断进步。我从2011年开始担任法世利OFSLLI品牌服装工业打板立裁人台和工具研发，深刻体会到人台工程学的发展和变化，服装工业人台在制板中的重要性，如果人台数据不准确，形体不符合客户标准，将会给企业带来严重的灾难。现在法世利服装工业人台已经发展到可以按企业客户"形体量身定制时代"；立体裁剪面料可以采用白坯布、白纸以及与成衣类似或一样的面料。所以立体裁剪技术的发展是全方位的：立裁人台、立裁工具、立裁面料、立裁的手法等都在发展。

　　"新造型、新视野"——为了更好地让服装爱好者学习受益，本书详细介绍了立体裁剪的应用实战，并在国内率先推出高级定制创意立体剪裁、手工鲜花与盘扣操作手法。不仅注重国际品牌经典实战案例的演示，还推出了精美的民族服饰：旗袍，介绍了高端的法国婚纱制作手法以及裤装的立体裁剪方法。

　　"变革与重塑"——我拥有25年的服装从业经历，其间有过许多挫折、失败、彷徨、欢乐，这是一笔宝贵的人生财富和经验，我深刻地体会到一个好制板师的成长、一门技术的提高、一个行业的发展都要不断地创新和突破。

　　本书中的许多时装图片来源于 PORTS、CHRISTIAN DIOR、HERMES、Burberry、PRADA、PAUL SMITH 等品牌 2011 ～ 2013 年的经典时装，同时由衷的感谢中国纺织教育学会秘书长纪晓峰先生、北京工贸技术学院杨晔主任、湖北美术学院李海斌老师、北京服装学院赵明老师、清华美术学院臧迎春老师以及北京亿戈服装学校、北京清君工作室、北京襟鼎工作室、北京法世利服装工业人台研发中心的大力支持。

　　由于编写时间仓促，本书难免有不足之处，敬请广大读者和同行批评赐教，提出宝贵意见，本人将不胜感激。

戴晨辉

2015 年 12 月于北京

目　录

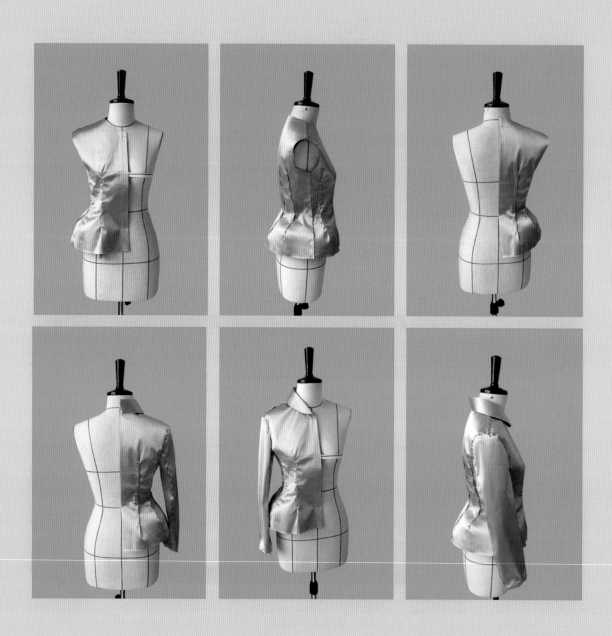

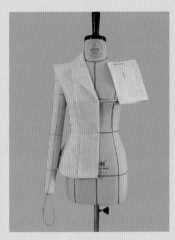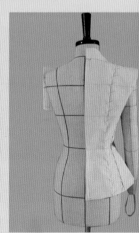

基础操作 篇

第1章　立体裁剪基础操作

1.1　关于立体裁剪

1.1.1　立体裁剪概述

立体裁剪简称立裁，被称为服装软雕塑，是服装设计的一种重要的结构设计手法。立裁没有具体数字束缚，需要的是艺术感觉，在美国和英国称之为"覆盖裁剪（dyapiag）"，在日本称之为"立体裁断"，在法国称之为"抄近裁剪（moulage 或 volume）"。

服装立体裁剪起源于欧洲，最早用于私人量身定制裁剪，13 世纪的三维塑身造型，15 世纪的哥特时期的忝胸、卡腰、蓬松裙、18 世纪的洛可可服装强调三维差别风格都是最早期的立体剪裁。直到进入 20 世纪第二次工业革命时期，立体裁剪在美国、德国、西班牙等国家开始用于服装企业批量生产。中国立体裁剪用在服装企业批量生产时间较晚，是在 21 世纪，最初主要学习日本的立体裁剪，近期欧洲的立体裁剪才开始被广泛使用。

1.1.2　东西方服装立体裁剪的区别与发展

服装行业经过不断地发展，日本的立体裁剪更适用于服装工业制板，制板要求比较严谨，操作规范，强调一丝不苟。欧洲的立体裁剪风格强调的是造型，要求有设计艺术感，修剪速度快，裁剪方法多、灵活，立体裁剪材料既可以用面料，也可以用纸，更适合高级定制。我国立体裁剪技术在逐渐向西方设计创意剪裁靠拢，其中也保留了东方严谨的风格（图 1-1）。

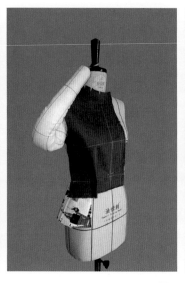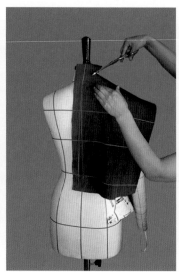

图 1-1

1.1.3　学习服装立体裁剪的意义和方法

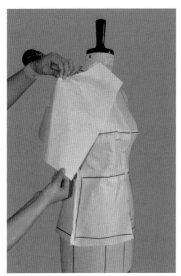

目前的中国服装市场正在由低端加工生产向中高端品牌发展，其中一批服装企业开始走向海外，搞品牌战略；一批服装工作室向私人高级定制发展，可见，中国服装市场正在发生转型。以前只依靠平面制板的技术显然不能满足现代企业的需求，将电脑制板，平面制板、立体裁剪相互结合，才能更好地表达服装的设计理念。

学习服装立体裁剪要从欧美设计理念入手，要培养自己很好的艺术嗅觉，结合中国服装企业实践操作方法，学习世界服装大师和欧美知名品牌的经典作品，由浅入深的一步一个脚印的前进，相信不久你就会成为一位出色的立体裁剪高手（图1-2、图1-3）。

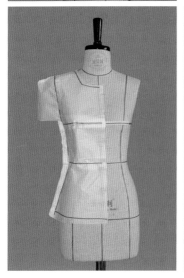
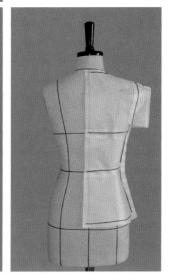
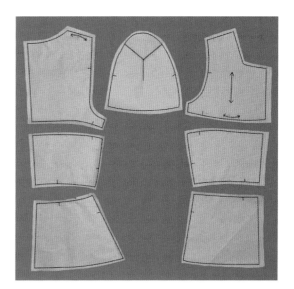

图1-2　　　　　　　　　　　　　　　　　图1-3

1.1.4　服装工业立体剪裁与服装院校立体裁剪的区别

服装院校的立体裁剪剪裁过程：一般都采用女子160/84A体型的标准中间体人台，材料选用白坯布，在人台右侧立体裁剪半身服装，把白坯板进行拓板，在纸板上修正调整，再熨烫好白坯布组装样衣完成。

服装工业立体裁剪方法比较多，在这里就简单介绍几点：①选布料：不限制在白坯布范围，要根据服装的面料选择近似或一样的面料，这样可以保证立裁板型与实际一样；②对于人台的选择：在立裁生活服装时一般选择比实际人体围度大一号或两号的人台。例如人体尺寸是160/84A，人台选择160/86—90A的人台，这样打板可以省去一些对放松量的考虑，省量可以更加准确，如果做抹胸礼服，可以在人体带胸垫的基础上选择小一号围度的人台，例如人体在带胸垫时是165/88A，选择用165/86A人台做出的立裁会更加合体，避免礼服滑落；③服装工业立体裁剪必须整身剪裁，与样衣一样，而院校一般采用右侧半边人台立体裁剪。工业版要求真人试衣，在真人上调整板型；④在拓完纸板后，用缝纫机将立裁布再次缝合，由真人试穿再二次调整。在实际服装企业生产中为了加快制板速度，大多采用电脑制板与立体裁剪相结合的方法（图1-4）。

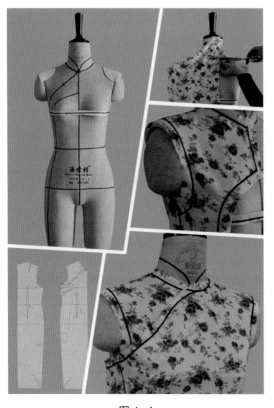

图1-4

1.2　工业用立体裁剪人台

1.2.1　服装工业立体裁剪人台

服装立裁人台简称：人台，也称：试衣模特、打板人台、包布模特、立裁人台等。一般而言，立裁人台的材料主要分三种，一种为泡沫材质，一种是木头材质，还有一种就是北京法世利OFSLLI研发设计的欧美服装市场通用环氧树脂材质人台。

服装工业立裁人台标准：①设计关键在于型。这个型必须符合人体的实际形状；②要符合大多数人体的综合特征，在此基础上加以美化；③服装工业人台型号必须全，形体必须多，服装工业人台从体型上分为Y体型、A体型、B体型、C体型、欧美体型、孕妇人台等，从形状上分为半身人台、半腿人台、裤装人台、全身人台，从年龄上分为中年人台、青少年人台、儿童人台，基于这样的服装工业人台制作出的服装板型才能适于普及应用，而只用1～2个型号人台制板，会严重影响服装企业板型的准确性；④服装工业人台可以按照服装企业要求量身定制；⑤服装人台形体要保持稳定性，要求10年不能变形。

本人通过多年对人体的研究，结合多年的服装制板经验，将人体美与服装板型美有机的结合，设计出符合中国人体体型的立裁人台——"法世利OFSSLI"品牌立裁人台（图1-5），其特点是人台体型准确、线条优美逼真，用此人台制作出的服装板型准确且覆盖率高。

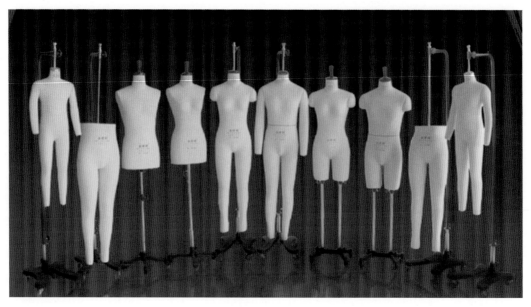

图1-5

1.2.2 服装工业用什么样的服装人台可以做更高品质的服装

服装工业打板人台必须拥有准确的人体数据，每隔五六年人体就会发生变化，人台也要随之变化，所以 1 个人台用到 10 ～ 15 年不更换将严重影响服装的品质。服装工业人台要求型号全，覆盖范围广。一般来说，服装人台最少应该覆盖两种以上人体体型，每个体型应该生产到 4 ～ 6 人体型号，"法世利 OFSLLI" 品牌拥有 120 个不同型号、体型人台，并且开创了第五代服装工业打板人台标准"量身定制人台"，服装人台要求物理性质稳定，误差要小，10 年不变形（图 1-6 ～图 1-10）。

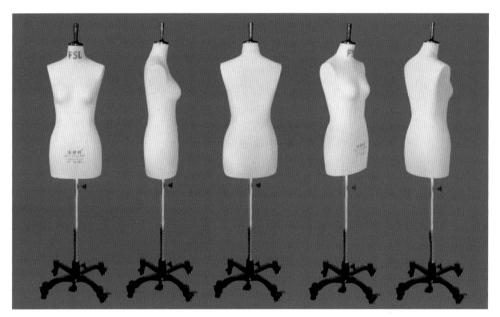

上身立裁人台——适用上装
图 1-6

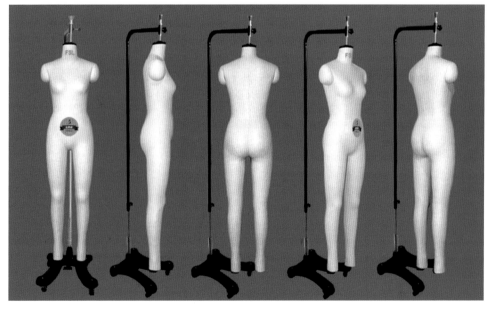

正身立裁人台——适用套装、大衣、婚纱、连衣裙
图 1-7

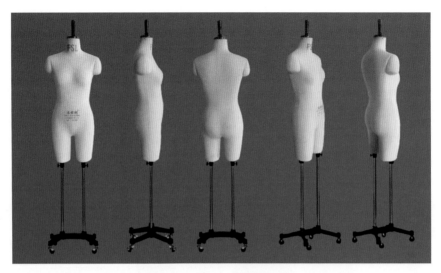

半腿型立裁人台——适用婚纱礼服

图 1-8

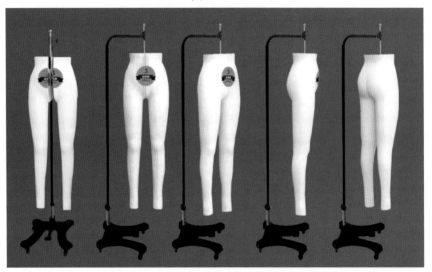

下身人台——适用裤子、裙子

图 1-9

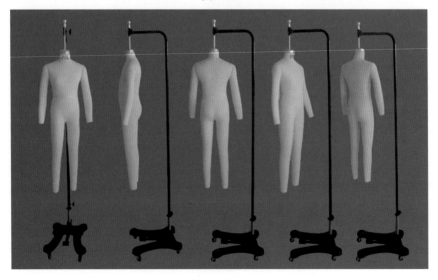

儿童全身人台

图 1-10

1.3 立体裁剪工具简介

1.3.1 立裁胶带

立裁胶带也称：人台标记线、标记线、标记带，是国内服装院校、服装企业普及型立裁工具，纸质标记线清晰、漂亮，实属板型师、设计师必备立裁工具。

立裁胶带其作用就是将人体模型的重要部位或必要的结构线，在人体模型上标记出来。所以，在标注线的选择上，应选择色彩醒目和对比鲜明的，能透过布料容易被识别的粘合带，一般在标记人体模特的时候选用黑色、红色或者色彩对比明显的颜色，而立裁胶带的宽带基本为 0.3 ~ 0.5cm，宽窄选择 0.3cm 的会比较方便、好用。在材质的选择和使用效率上，一般来说，立裁胶带要选粘贴性较好，可以反复使用 3 ~ 4 次的，同时要考虑胶带是否无毒环保、耐高温、粘贴有无痕迹等（图 1-11）。

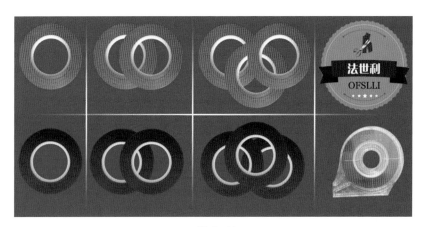

图 1-11

1.3.2 立裁针插

立裁针插又名：立裁针扎、针包，目前法世利有方格圆形针插和手表式针插两种款式。所有针插全部采用高级丝绒面料，插针不费力；采用优质颗粒棉，针越插越光滑；配定制自动弯折手腕，不管手腕粗细均可自动调节，尽显专业、高档、时尚（图 1-12）。

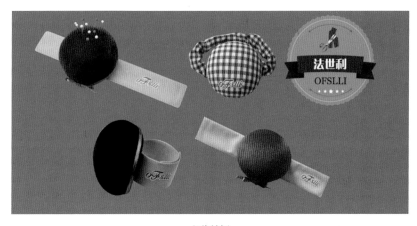

立裁针插
图 1-12

1.3.3　立裁软手臂

也称：立裁人台手臂、软手臂、布手臂，整体为软体结构，外面为棉麻织物面料，纯手工制作，内添充高级珍珠棉。在立裁操作时可任意弯曲，并用大头针将垫肩形状的部分固定在人台上。手臂的男女分别各有一个型号，可按型号分别用在小一号和大一号的人台上（图1-13）。

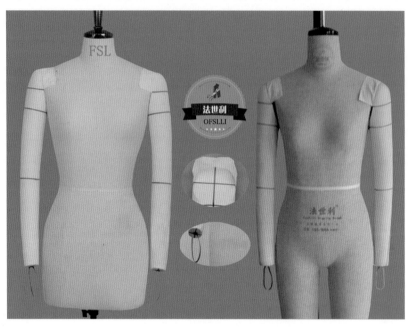

立裁手臂安到半身人台和全身人台的效果

图 1-13

1.4　立体裁剪人台标记线准备

1.4.1　人台准备

选"法世利OFSLLI"服装工业标准中码立裁人台——青年女子160/84A半身人台，人台形体要准确地反映出M号女体特征，具体人体数据与国家服装号型标准相近：身高160cm、胸围84cm、腰围66cm、臀围90cm、肩宽38cm、颈围34cm、前腰节40.5cm、背长38cm、胸高24cm、胸距18cm。如果立裁人台与目标人体区别大，要对人台做基础修正或专门定制人台，才可以做服装板型开发。

1.4.2　标记线准备

人台标记线是立体裁剪的基础线，标记线要根据服装款式实际需要做出服装的结构分割线，服装款式不一样，人台的标记线也不同，可以选用"法世利OFSLLI"立裁专用0.3cm黑色或红色标记带粘贴。

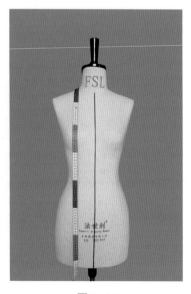

1.4.3　具体人台标记线操作步骤

（1）前中心线：固定好人台支架，人台要求平稳，不能倾斜，标记线从前颈点开始，自然垂直来确定（图1-14）。

图 1-14

（2）后中心线：从后颈点开始，按铅锤标记带贴标记线（图1-15）。

（3）颈围线：用标记线环绕前颈点至后颈点。公主线：在肩缝线中点、经过BP点、向下圆顺标记出公主线，公主线是造型设计线，要求自然、灵活，由左腋点至右腋点加后宽线（图1-16～图1-19）。

（4）胸围线：用直尺从地面量至胸高点取得相应数据，用此数据环绕人台一圈，用笔记做出记号，用标记线粘贴（图1-20、图1-21）。

图1-15

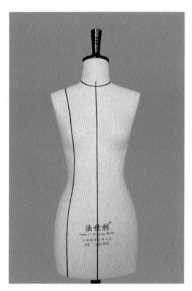

图1-16

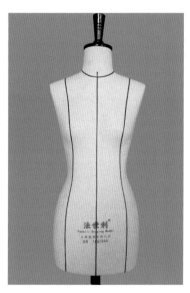

图1-17

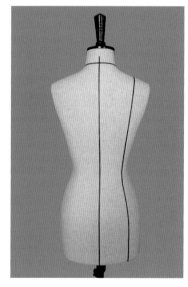

图1-18

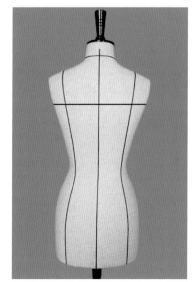

图1-19

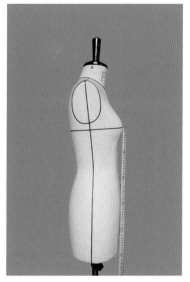

图1-20

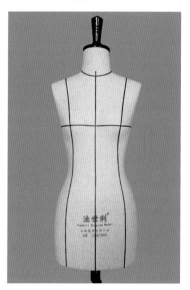

图1-21

（5）腰围线：用直尺从地面量至胸高点取得相应数据，用此数据环绕人台一圈，用笔记做出记号，用标记线粘贴（图1-22、图1-23）。

（6）臀围线：从腰围线向下20cm，用直尺从地面量至胸高点取得相应数据，用此数据环绕人台一圈，用笔记做出记号，用标记线粘贴（图1-24）。

（7）肩缝线：从侧颈点到肩端点用标记线粘贴（图1-25）。

（8）乳下线：由乳根处用标记线水平环绕人台一周，用标记线粘贴（图1-26）。

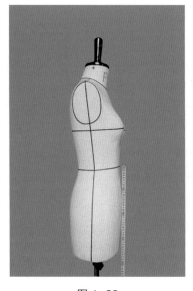

图1-22

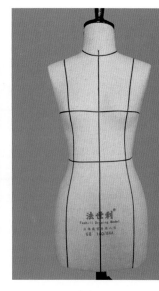

图1-23

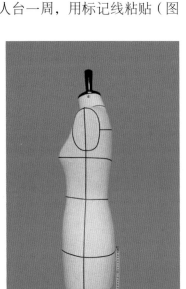

图1-24

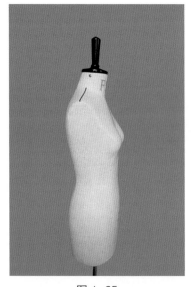

图1-25

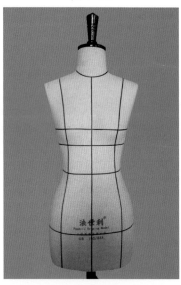

图1-26

（9）侧缝线：由肩端点向下，取前后胸围线中点1/2处向后1cm、前后腰围线中点1/2处向后1.5～2cm，臀围中点1/2处向后1cm，标记出侧缝线（图1-27）。

（10）袖窿线：标准M号人台袖窿深13.5cm、袖窿宽10.5cm，用笔做出前腋点、后腋点，腋下点记号，用标记线粘贴（图1-28）。

手臂的制作相对比较繁琐，现在市场上已经有了很多制作成熟的手臂，不必再个人制作，"法世利OFSLLI"有

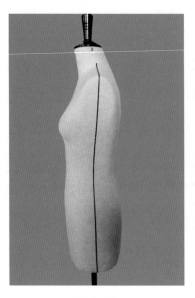

图1-27

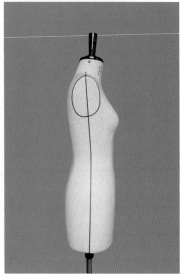

图1-28

多种型号的手臂，制板师们可以选择使用。

（1）立体裁剪一般在人台右侧上一只手臂，在立裁手臂内侧顶点十字点与人台肩端点：用1根立裁针固定（图1-29）。

（2）将手臂与人台用立裁针固定好，注意立裁手臂必须与人体胳膊向前倾斜一致（图1-30、图1-31）。

（3）手臂安装完之后的效果（图1-32～图1-34）。

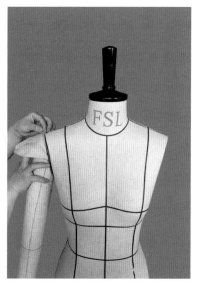

图1-29

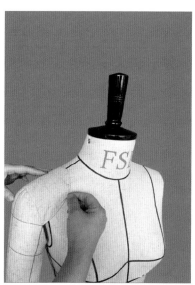

图1-30

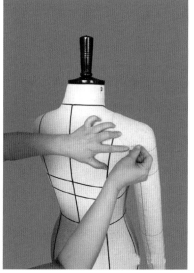

图1-31

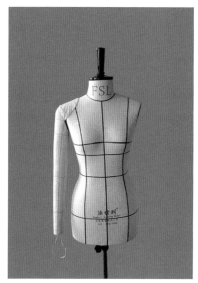

图1-32

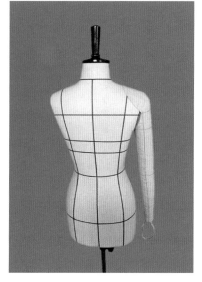

图1-33

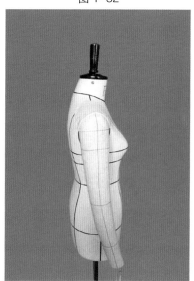

图1-34

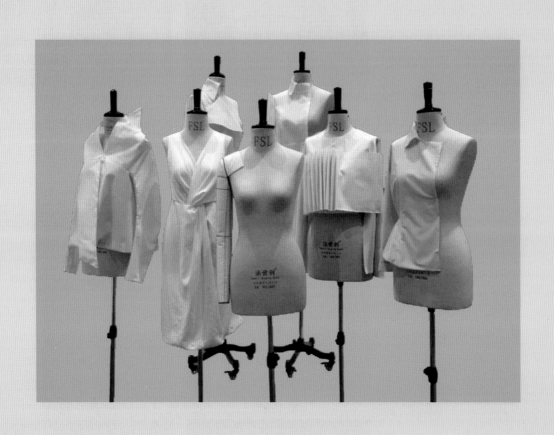

应用实践 篇

第2章 立体裁剪实践操作

　　服装结构的立裁剪裁变化包括两面构成、三面构成、四面构成，横向分割。用文字和图片详细介绍立体裁剪的基础操作手法，如何掌握布料与人台之间放松量，以及立裁从款式选定、人台选择、布料或白纸准备、别针、做标记记号、毛裁、平面与立裁转化、样衣精别等各个细节的操作方法，帮助初学者快速掌握立裁的手法和规律。

　　立裁人台选择是第一步，客户可根据需要选择，立裁人台的最高境界是可以按客户需要量身定制。服装企业一般选择中号码，例如：女子 160/84A，胸围 84cm，腰围 66cm（少妇腰围 68cm），臀围 89cm，肩宽 38cm，胸围与腰围差 16 ~ 18cm，臀围与腰围差 22 ~ 24cm。尺寸重要，体型就更加重要，只有好的工业立裁打板人台，才能做出好的板型。

2.1 原型立体裁剪

　　原型裁剪法广泛应用国际服装业，各个国家和地区都有各自的原型，其中日本原型裁剪法对中国服装业影响最大，因为日本人体型与我国人体差异较小，日本原型在长期实践中不断发展和改进。下面就通过立体裁剪法来讲解日本原型板的制作。

　　（1）取白坯布一块将布烫平，用铅笔在布上标记好前中心线和胸围线，将坯布放在人台上对齐人台的前中心线和胸围线，在前中心线领口和腰围分别扎上 2 根立裁针，要求丝道准确，布面平整（图 2-1）。

　　（2）修剪前领口多余量，打上均匀剪口，在距肩颈点 0.5cm 处固定立裁针，做好转折侧面，留出裁针适当松度，在侧面固定立裁针，修剪袖窿和肩部多余量（图 2-2、图 2-3）。

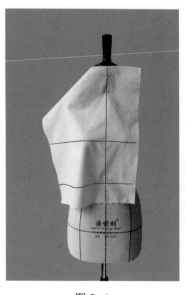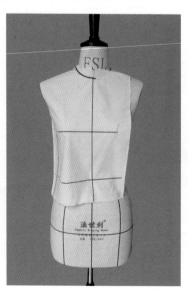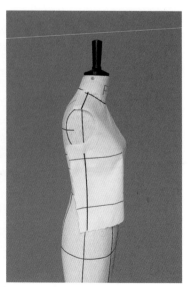

图 2-1　　　　　　　　　　图 2-2　　　　　　　　　　图 2-3

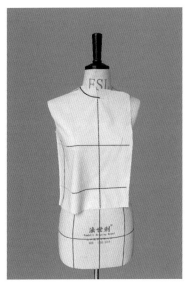

图 2-4

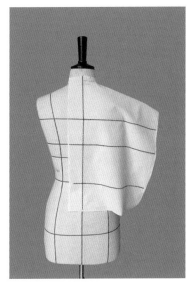

图 2-5

（3）将腰省做出，要在腰部留好适当松度，保持转换面完整，省尖距胸点0.5cm（图2-4）。

（4）将白坯布一块烫平，用铅笔在布上标记好后中心线和胸围线，将坯布放在台上对齐人台的后中心线和胸围线，在后中心线领口和腰围线分别固定立裁针，要求布面整齐自然（图2-5）。

（5）修剪后领口多余量，打上均匀剪口，在距肩颈点0.5cm处固定立裁针，保持肩胛骨处丝道平直，由袖窿处向肩部竖向推动布料到肩部，立裁针固定肩端点，将肩部多余量做成肩省大约1~1.2cm（图2-6~图2-8）。

（6）做好转折侧面，留出裁针适当松度，在侧面固定住，修剪袖窿和肩部多余量。将腰省做出，要在腰部留好适当松度，保持转换面完整（图2-9、图2-10）。

（7）沿人台侧缝抓合前后衣片并用大头针固定，留出一定松度量，注意底摆留出松量，可以用皮尺围量坯布的胸围，预估一下松量大小（图2-11）。

（8）用铅笔在标记处点上圆点记号，分别在前后领口、省道、侧缝处做好标记，

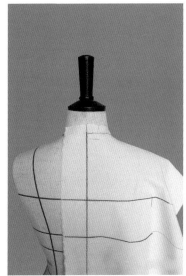

图 2-6

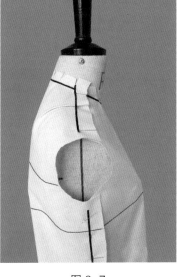

图 2-7

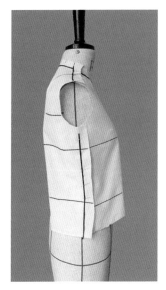

图 2-8

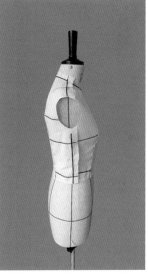

图 2-9

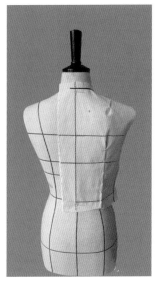

图 2-10

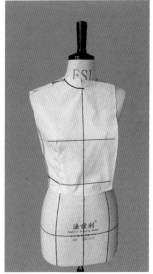

图 2-11

要求准确、干净（图2-12～图2-17）。

（9）打开立裁毛坯板，修剪多余量，侧缝、袖窿、肩缝、前中心线留1.5cm做缝，底摆处留2cm做缝，注意在省道处要捏合好再修剪（图2-18～图2-25）。

（10）核对修剪好的白坯布原型板（图2-26）。

（11）在白坯布原型板下方放好打板纸，用点线器把原型板拓到纸上，得到原型板平面裁剪图（图2-27）。

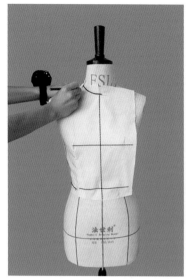

图2-12

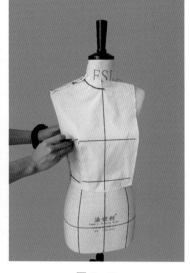

图2-13

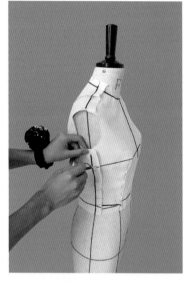

图2-14

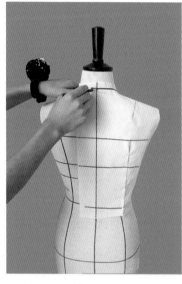

图2-15

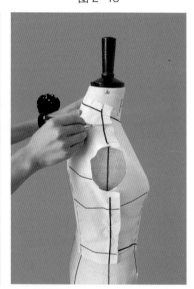

图2-16

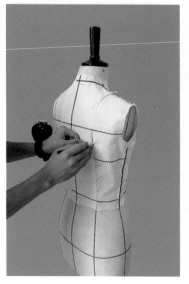

图2-17

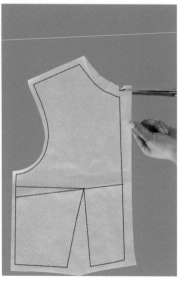

图2-18

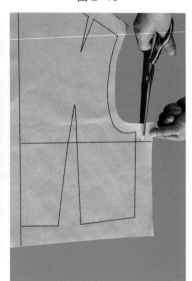

图2-19

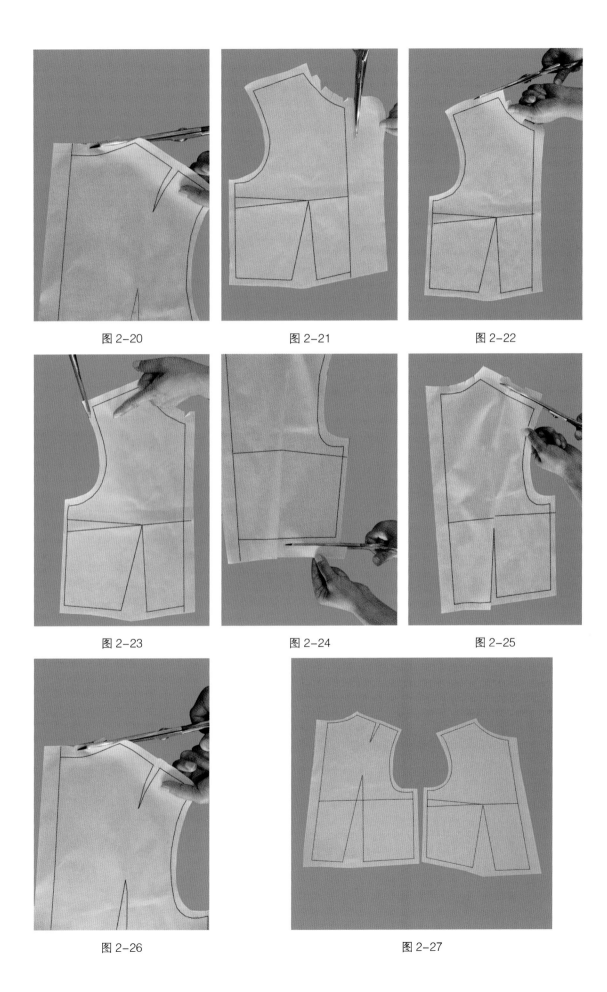

图 2-20　　　　　　　　图 2-21　　　　　　　　图 2-22

图 2-23　　　　　　　　图 2-24　　　　　　　　图 2-25

图 2-26　　　　　　　　　　　　图 2-27

（12）组装样衣品质立裁原型，要求丝道正确，布面平整，立裁针间距稳定，插针不能损伤坯布，针法准确（图2-28、图2-29）。

2.2　两面构成女衬衫坯布立体裁剪

两面构成在现代成衣制作中大量运用，经常使用在衬衫，大衣、夹克、裙装、裤装、运动服。两面构成的基本衣片组成原理：服装由前片和后片两片构成。这类服装的特点是宽松、舒适、放松量比较大，很适合人体活动。

（1）取白坯布熨烫平整，用铅笔在布面上标注好前中心线，搭门，胸围线，腰围线，将这些线与人台标记线分别对齐，在前中心领口，臀围处分别固定两三根大头针（图2-30）。

（2）修剪领口多余量，均匀的在领口处打上剪口，使领口布片自然、平顺。在距颈肩0.5cm处固定立裁针（图2-31）。

（3）修剪袖窿，肩缝多余量，留1.5cm做缝。在侧缝，肩端处固定立裁针，要求留出适度松量（图2-32、图2-33）。

（4）在腋下胸围线处捏合省量，松紧要适度，省尖距胸高点3cm。在腰节处打上剪口，用红色标记线做出侧缝线（图2-34、图2-35）。

（5）取白坯布熨烫平整，用铅笔在布面上标注好后中心线，胸围线，腰围线，将这些线与人台标记线分别对齐，在后中心领口，臀围处分别固定两三根大头针（图2-36）。

（6）修剪领口多余量，均匀的在领口处打好剪口，使布片自然、平伏。修剪好袖窿，肩缝处留出多余量。在袖

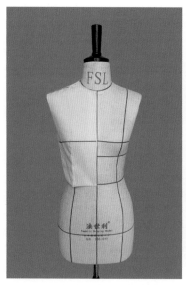

图2-28　　　　　　　图2-29

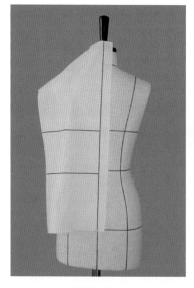

图2-30　　　　　　　图2-31

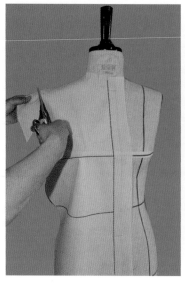
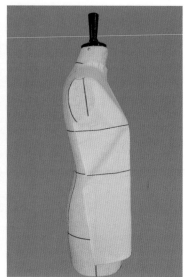

图2-32　　　　　　　图2-33

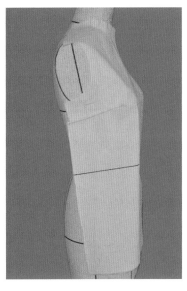

图 2-34

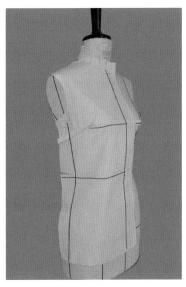

图 2-35

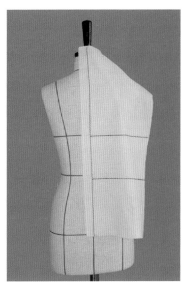

图 2-36

窿处固定立裁针，做出转化面，后片留出松量（图2-37、图2-38）。

（7）后片腰节处捏合省量，松度要合适，省量不能太大，不能使后片太紧，抓合侧缝线，在腰节处打剪口，留好前后衣片松量，注意前后腰线要对齐（图2-39～图2-41）。

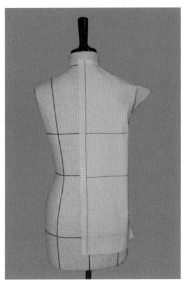

图 2-37

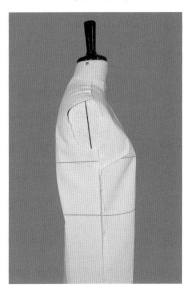

图 2-38

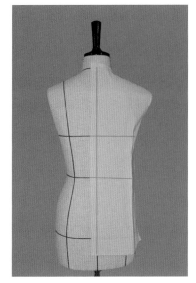

图 2-39

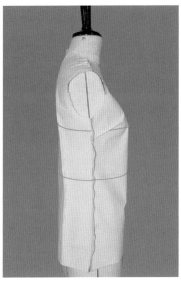

图 2-40

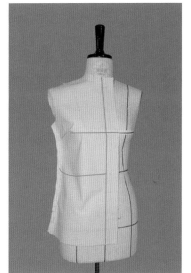

图 2-41

（8）用铅笔在标记处点上圆点记号，分别在侧缝、领口、肩缝、省道处做好标记，要求准确、干净（图2-42～图2-45）。

（9）取白坯布熨烫平整，直纱道与布片后中心对齐，围绕领口，将领子的领脚用立裁针固定好。用标记线将外领口线做好，要求平顺、自然（图2-46～图2-48）。

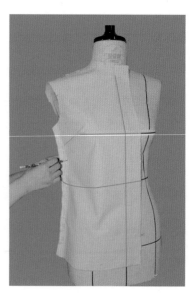

图2-42

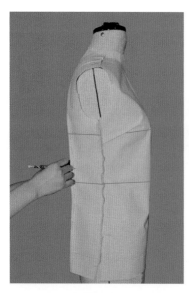

图2-43

图2-44

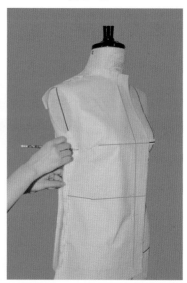

图2-45

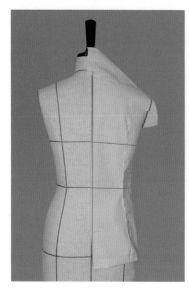

图2-46

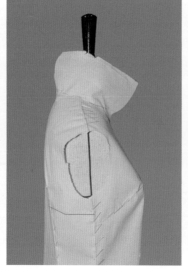

图2-47

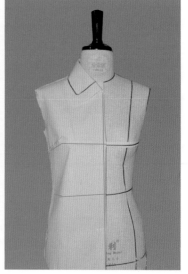

图2-48

（10）取下人台上的白坯布，用铅笔将标记点连成线，修剪好做缝，下摆 2cm，肩缝、侧缝、袖窿、前后中心做缝 1.5cm，领口 0.8cm，领脚线 0.8cm，外领口 1cm 做缝（图 2-49）。

（11）将修剪好的布片放在白纸上，用滚轮沿着布片上的线条滚动，将样板拓到纸样上，注意袖子是用平面制板的方法按照前后袖窿弧度长画到纸上的（图 2-50）。

图 2-49

图 2-50

（12）用熨斗沿着布片上的结构线将做缝烫倒，用立裁针沿着烫好的边线将衣片缝合，分别缝合前片、后片（图2-51～图2-53）。

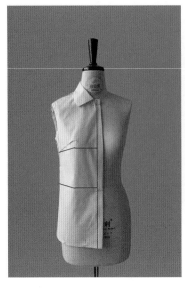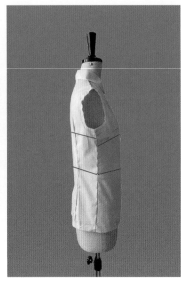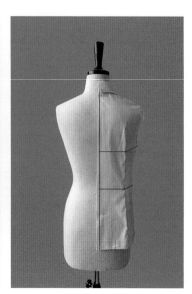

图2-51　　　　　　　　　　图2-52　　　　　　　　　　图2-53

（13）将熨烫好的领子和袖子分别用立裁针固定在领口、袖窿上，一定要平顺、自然（图2-54～图2-56）。

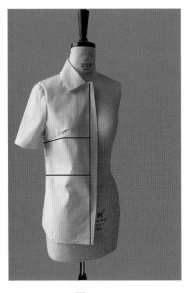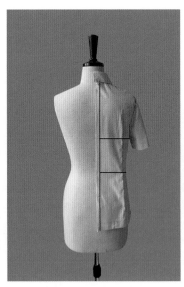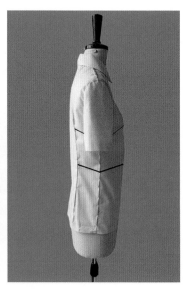

图2-54　　　　　　　　　　图2-55　　　　　　　　　　图2-56

2.3　三面构成女装白纸立体裁剪

三面构成服装又被称为：三开身服装，是指服装布片由前片、侧片、后片三面组成，这种服装十分符合人体，常用于男女西服类服装。服装制板中经常将侧片进行设计处理，把服装一定的松量转化到人体侧面，这样使服装前后看上去十分合体，且活动也很舒适。

（1）在人台侧面用黑色标记线分别标注侧面分割线的位置，与袖窿相连，注意侧面的分割线要适合人体，同时与前后片比例要协调（图2-57）。

（2）取白纸一张，用铅笔在纸上分别画出前中心线、腰围线、胸围线、搭门1.6cm左右，将白纸的标注线与人台标记线对齐，在领口和腰节处依次固定两根立裁针（图2-58）。

（3）修剪领口，留做缝1cm，均匀的在领口处打好剪口，纸张要求自然平顺，胸围线和腰围线与标记线对齐（图2-59）。

（4）留出适当松量，在胸围线上固定立裁针，一定保证纸上的胸围线与标记线对齐，在领口处收领口省，在腰节处收腰省，纸张要求平整自然（图2-60）。

（5）用标记线在侧缝处贴好，用剪刀分别修剪侧缝，袖窿和肩缝留1.5cm（图2-61～图2-64）。

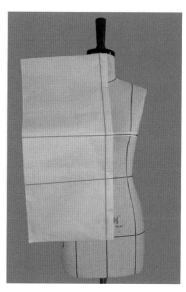

图2-57 　　　　　　　　　　　　图2-58

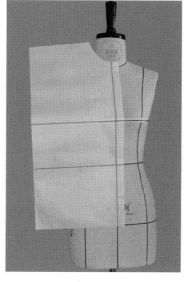
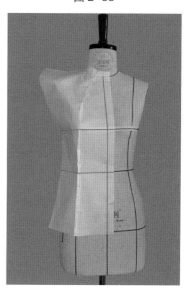

图2-59 　　　　　　　　　　　　图2-60

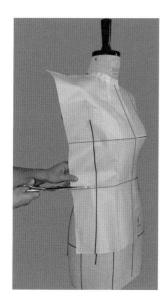
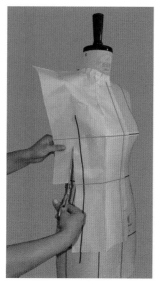
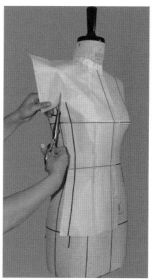
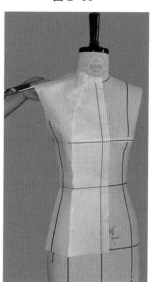

图2-61 　　　　图2-62 　　　　图2-63 　　　　图2-64

（6）整理前片，留出适度松量，在肩头处，袖窿腋下固定立裁针（图2-65、图2-66）。

（7）取白纸一张，用铅笔在纸上分别画出后中心线，腰围线，胸围线，将白纸的标注线与人台标记线对齐，在领口处固定立裁针，腰节处打剪口，将纸张与人台腰节自然贴合，注意纸张后中心腰节线，臀围线大约收进1.2cm，分别固定立裁针（图2-67）。

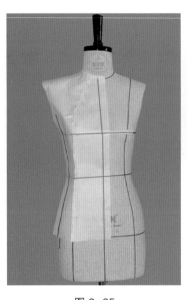
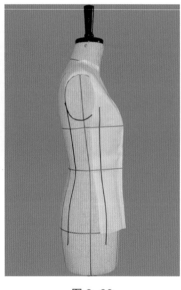
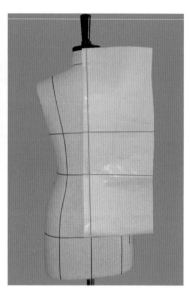

图2-65　　　　　　　　　　图2-66　　　　　　　　　　图2-67

（8）修剪领口，留做缝1cm，均匀的在领口处打好剪口，纸张要求自然平顺，胸围线和腰围线与人台标记线对齐，收去肩部1.2cm多余省量（图2-68、图2-69）。

（9）由袖窿处修剪后片分割线，在腰节处自然收进，臀围处自然放出，要求线条自然流畅，分割线位置符合人体后片与侧面转换规律（图2-70）。

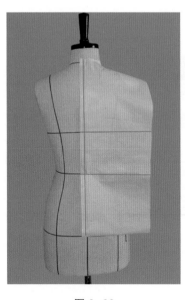
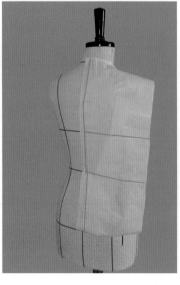
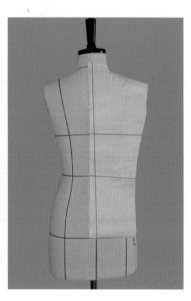

图2-68　　　　　　　　　　图2-69　　　　　　　　　　图2-70

（10）再取一张白纸做侧片，用铅笔在纸上分别画出腰围线，胸围线，将白纸的标注线与人台标记线对齐，在胸围和腰节以下8cm处依次固定立裁针。用抓合方法按前后人台黑色标记线将前后片与侧片缝合（图2-71）。

（11）修剪袖窿留1.5cm做缝，肩斜线后片压前片，注意将后片约1.2的吃量均匀的放在肩部中间（图2-72）。

（12）用铅笔分别标记出前后侧缝线，肩斜线，领口，后中心线，省位线等。注意后中心线腰节，臀围都收进1.5cm左右（图2-73～图2-76）。

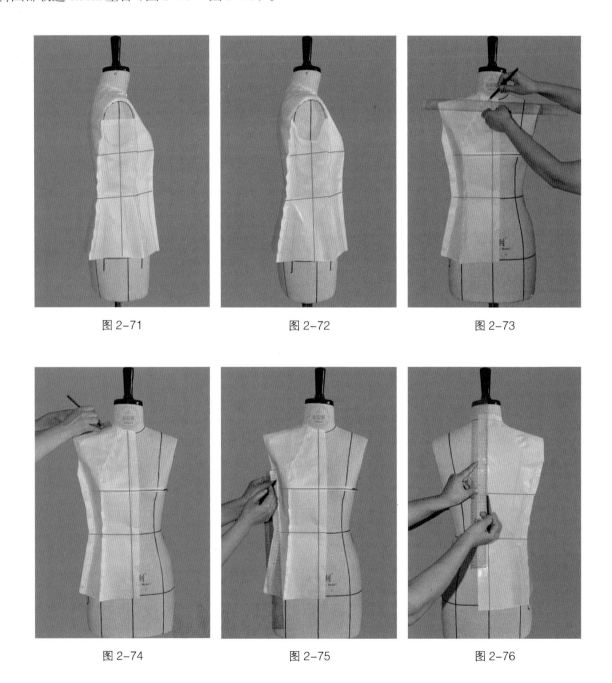

图2-71　　　　　　　　　　图2-72　　　　　　　　　　图2-73

图2-74　　　　　　　　　　图2-75　　　　　　　　　　图2-76

（13）从人台上取下纸样，用铅笔再一次标记出前后侧缝线，肩斜线，领口，后中心线，省位线等，检查前后对位点，复制完成前勿拆立裁针（图2-77～图2-79）。

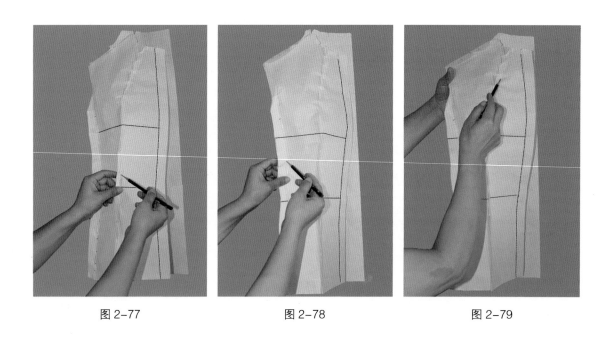

<table>
图 2-77　　　　　　　图 2-78　　　　　　　图 2-79
</table>

图 2-77　　　　　　　　图 2-78　　　　　　　　图 2-79

（14）纸样打开，烫平纸样，修剪纸样做缝，领口 0.8cm，侧缝肩斜线留 1cm。打上衣片对位记号（图 2-80）。

（15）将衣片纸样复制到白纸上，得到标准的工业纸样结构图（图 2-81）。

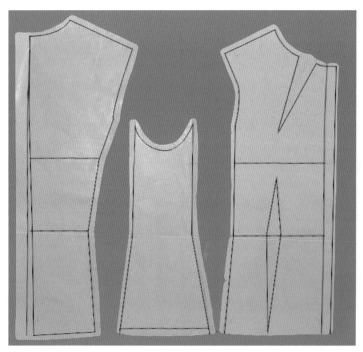

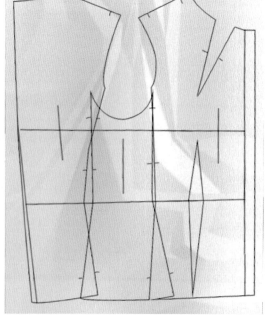

图 2-80　　　　　　　　　　　　　　　　　图 2-81

2.4 四面构成刀背女装坯布立体裁剪

四面构成服装是女装中最常用的一种剪裁方式，这种构成剪裁可以最好地表现人体的优美线条，可以在人体的侧面藏放松量，这样就是服装正面看上去非常合体，而穿着也十分舒适。四面构成（上半身）是由：前中片、侧前片、后中片、后侧片组成。

（1）取白坯布烫平，保证横纱和直纱四道准确，用铅笔在布标注出腰围线、胸围线、前中心线。将白坯布上的标注线与人台上的前中心、各围度线对准，在领口和臀围处固定两根立裁针（图2-82）。

（2）修剪领口，剪取多余量打剪口，在肩颈处固定立裁针（图2-83）。

（3）在衣片上用红色标记胶带标记出刀背线的位置，腰节打剪口，留出2.5cm的做缝。修剪肩斜线和袖窿（图2-84、图2-85）。

（4）取前侧面白坯布烫平，整理好丝道线，将白坯布固定到人台侧面，直纱保持与地面垂直，分别在胸围、腰围线固定立裁针，把前中片与前侧片白坯布抓合，留出适度松量，腰线以下用抓扎，腰线以上用盖扎立裁针（图2-86、图2-87）。

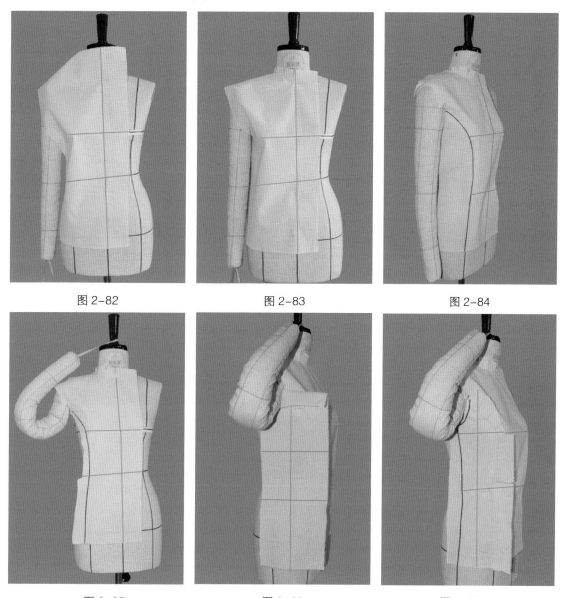

图2-82   图2-83   图2-84

图2-85   图2-86   图2-87

（5）取白坯布烫平，保证横纱和直纱四道准确，用铅笔在布标注出腰围线、胸围线、后中心线。将白坯布上的标注线与人台上的后各围度线对准，在腰节处打上剪口，使面料与人体贴合，腰节收进2cm，用红色标记胶带标记实际后中心线，在领口和腰围处固定两根立裁针（图2-88）。

（6）修剪领口，剪取多余量打剪口，在肩颈处固定立裁针（图2-89、图2-90）。

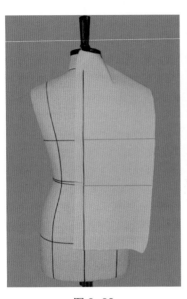 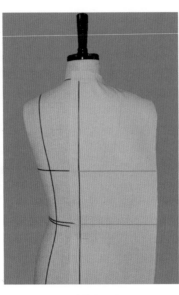 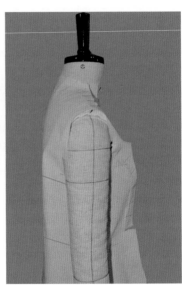

图2-88　　　　　　　　　　图2-89　　　　　　　　　　图2-90

（7）在衣片上用红色标记胶带标记出刀背线的位置，腰节打剪口，留出2.5cm的做缝。修剪肩斜线和袖窿（图2-91）。

（8）取后侧面白坯布烫平，整理好丝道线，将白坯布固定到人台侧面，直纱保持与地面垂直，分别在胸围、腰围线固定立裁针，把前中片与前侧片白坯布抓合，留出适度松量，腰线以下用抓扎，腰线以上用盖扎立裁针（图2-92、图2-93）。

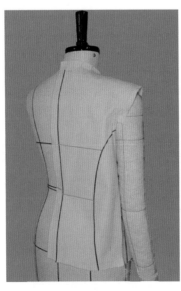  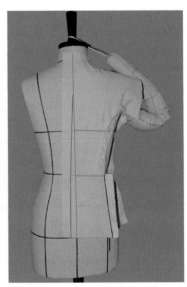

图2-91　　　　　　　　　　图2-92　　　　　　　　　　图2-93

（9）将侧缝线抓合，留出适度松量（图2-94）。

（10）将前中片、侧前片、后中片、后侧片的做缝翻折隐藏（图2-95、图2-96）。

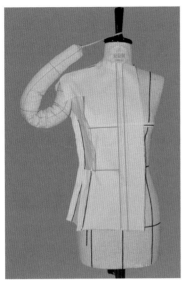 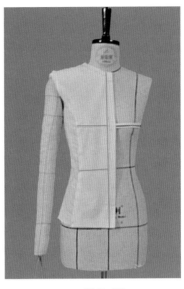 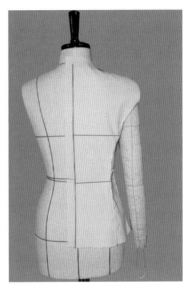

图2-94　　　　　　　　　　　　　图2-95　　　　　　　　　　　　　图2-96

（11）用铅笔标记处领口，取白坯布一块烫平，整理好丝道线，将布料直纱与衣片后中心线对直，固定立裁针，领做2.8cm处固定立裁针，在白坯布下面打上剪口，随着领口线将白坯布旋转，并依次固定立裁针（图2-97～图2-99）。

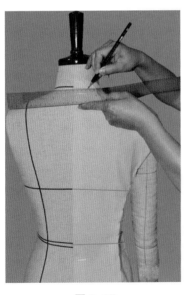 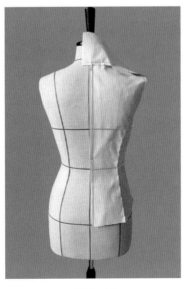 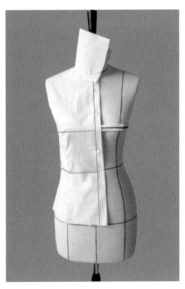

图2-97　　　　　　　　　　　　　图2-98　　　　　　　　　　　　　图2-99

（12）将领口白坯布翻折好，整理好外领口，将做缝隐藏（图2-100～图2-102）。

（13）沿袖窿线将袖子别好（图2-103、图2-104）。

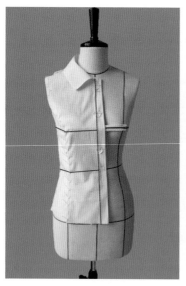

图 2-100

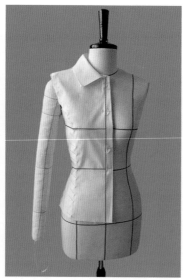

图 2-101

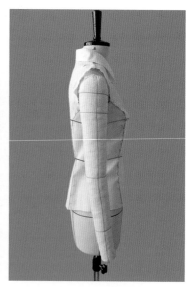

图 2-102

（14）取下立裁衣片，整理烫平（图 2-105）。

（15）将烫好的衣片下面垫好打板纸，用压轮将衣片板轮廓拓到白纸上，用铅笔标注出轮廓线、纱向、刀眼、归拔、对位记号等（图 2-106）。

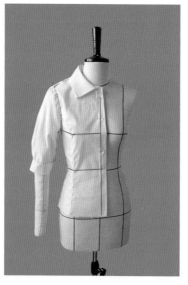

图 2-103

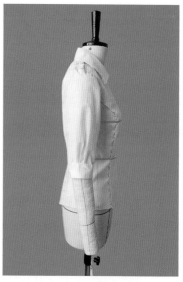

图 2-104

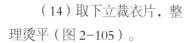
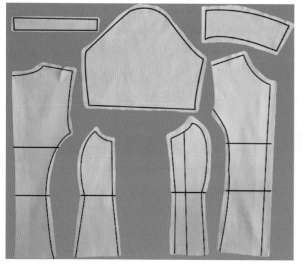

图 2-105

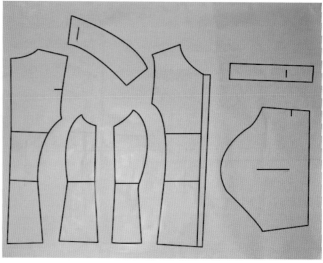

图 2-106

2.5 横向破缝分割裙装白纸立体裁剪

国内传统服装剪裁多以纵向线条为主，例如：通肩公主线、刀背线。欧美服装大量使用横开线、斜开线等，此款以胸围、腰围进行横向切割，供国内的服装界朋友们了解。

（1）在人台上分别用标记线贴出前后领口线，固定好垫肩。在白纸上用铅笔画好的前中心线、胸围线、腰围线，将前中心线、胸围线、腰围线与标记线对齐，固定大头针。做好转折面，留出适当松量，在侧面固定立裁针，用标记线将衣片标注出来（图2-107、图2-108）。

（2）在第二张白纸上用铅笔画好的前中心线、胸围线，将前中心线、胸围线与人台标记线对齐，修剪领口多余的量，用标记线标注出领口（图2-109、图2-110）。

（3）留出适当余量，做好侧面和正面的转化，在肩缝处、侧缝处、胸围线固定立裁针，注意白纸胸围线要下移，用标记线标注领口、袖窿、胸围（图2-111～图2-114）。

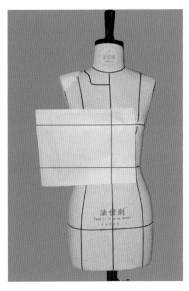

图2-107

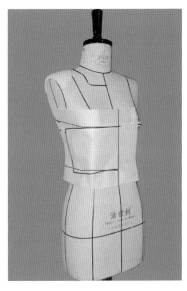

图2-108

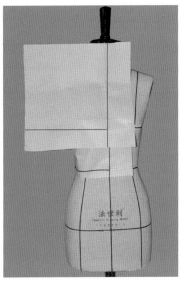

图2-109

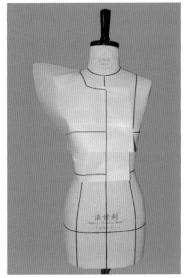

图2-110

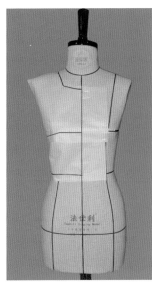
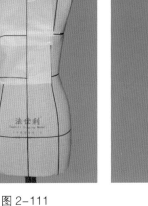

图2-111

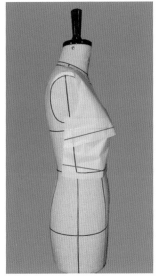

图2-112

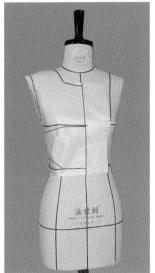

图2-113

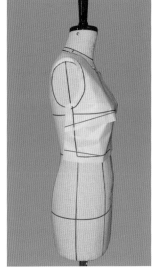

图2-114

（4）在第三张白纸上面画好前中心线、腰围线、臀围线，将白纸前中心线、腰围线、臀围线与人台标记线对齐，固定立裁针（图2-115、图2-116）。

（5）留出合适松量，做侧面转化，在侧面固定立裁针，腰围线要与上片腰围线对好用立裁针扎好，用红色标记线标注腰围线、侧缝线、底摆。用剪刀修剪做缝（图2-117、图2-118）。

（6）在第四张白纸上用铅笔画好后中心线、胸围线、腰围线，将后中心线、胸围线、腰围线与标记线对齐，固定立裁针（图2-119 、图2-120）。

（7）做好转折面，留出适当松量，在侧面固定立裁针，用标记线将衣片标注出来（图2-121、图2-122）。

（8）在第五张白纸上用铅笔画好后中心线、胸围线，将后中心线、胸围线与人台标记线对齐，修剪领口多余的量，按标记线修剪领口（图2-123 ~图2-125）。

（9）在第六张白纸上面画好后中心线、腰围线、臀围线，将白纸后中心线、腰围线、臀围线与人台标记线对齐，固定立裁针（图2-126）。

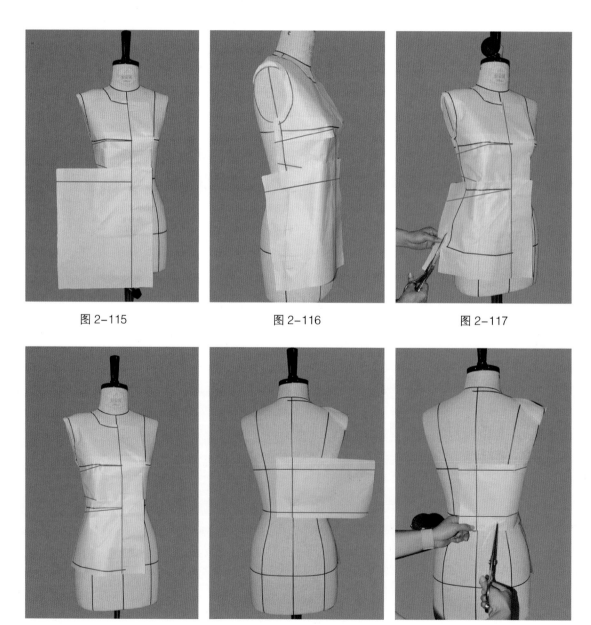

图 2-115　　　　　　　　　　图 2-116　　　　　　　　　　图 2-117

图 2-118　　　　　　　　　　图 2-119　　　　　　　　　　图 2-120

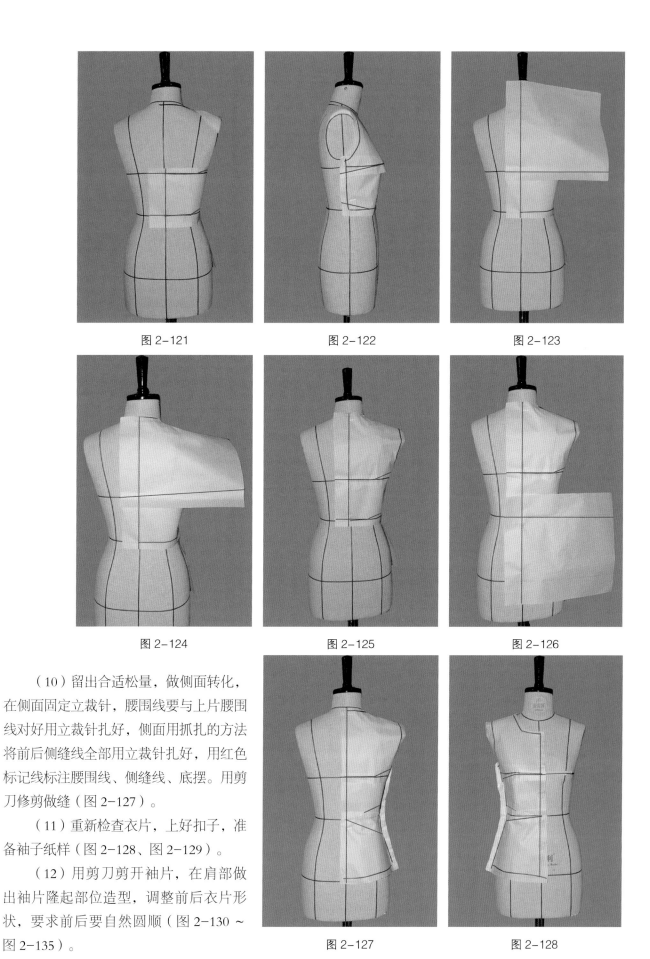

图 2-121　　　　　　　　图 2-122　　　　　　　　图 2-123

图 2-124　　　　　　　　图 2-125　　　　　　　　图 2-126

（10）留出合适松量，做侧面转化，在侧面固定立裁针，腰围线要与上片腰围线对好用立裁针扎好，侧面用抓扎的方法将前后侧缝线全部用立裁针扎好，用红色标记线标注腰围线、侧缝线、底摆。用剪刀修剪做缝（图 2-127）。

（11）重新检查衣片，上好扣子，准备袖子纸样（图 2-128、图 2-129）。

（12）用剪刀剪开袖片，在肩部做出袖片隆起部位造型，调整前后衣片形状，要求前后要自然圆顺（图 2-130 ~ 图 2-135）。

图 2-127　　　　　　　　图 2-128

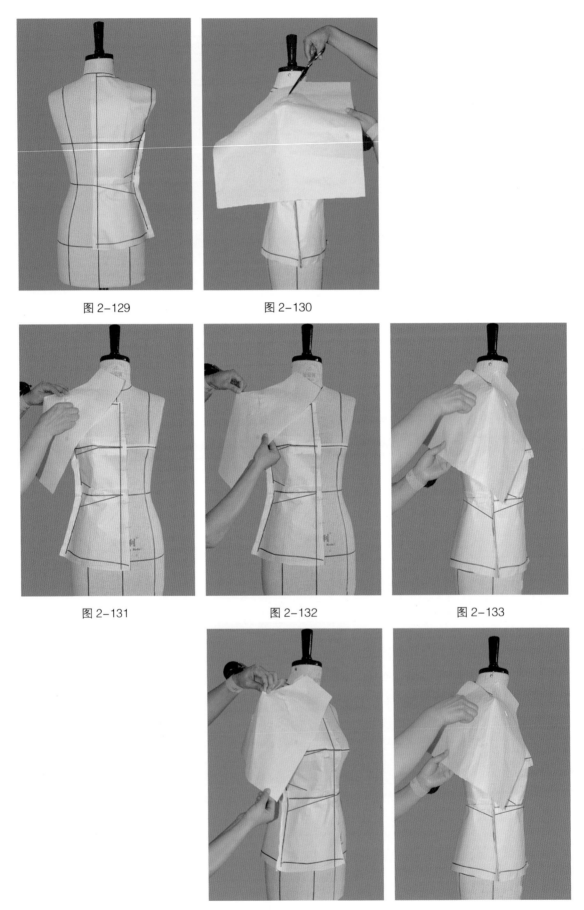

图 2-129　　　　　　　图 2-130

图 2-131　　　　　图 2-132　　　　　图 2-133

图 2-134　　　　　　图 2-135

（13）修剪多余量，由上向下固定立裁针，用标记线将袖窿标注出来（图2-136、图2-137）。

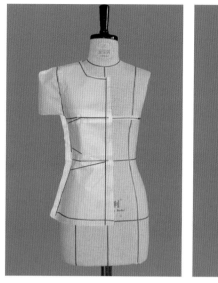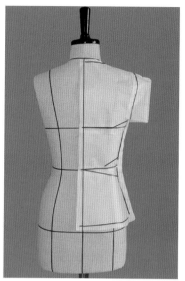

图2-136　　　　　　　　图2-137

（14）拆开前后衣片和袖子烫平后展开平面图（图2-138）。

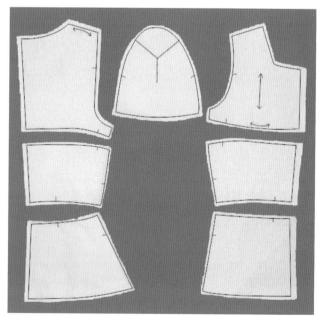

图2-138

*Dressing
with a twist*
Giorgio Armani
silk dress, $8,180.

*Ecletic
elegance*

WHEN RIGOR AND ECCENTRICITY
GO HAND IN HAND

SHOP THE STORY

经典实战 篇

第3章 欧美经典款式实战

3.1 PORTS2012 牛仔款式

此款（图 3-1）为 PORTS2012 牛仔款式，微微翘起的立领，也可以平折，纤细的掐腰，有点外翘的小摆，配合小 V 字型，突显当代女性的阳光、干练。本款立裁采用牛仔布面料进行立体裁剪。

图 3-1

（1）取一块大小适中面料烫平，用划粉标记出前中心线和胸围线（图3-2）。修剪领口多余量，均匀的打出剪口（图3-3）。

（2）在前宽点处留出一定松量，用剪刀修剪袖窿、肩缝，在腋下用立裁针固定（图3-4～图3-6）。

（3）在腰节处将多余的布料捏出省，腰节处留出1.5cm的松量（图3-7、图3-8）。

（4）在腰节下方扎上第二块面料，用标记带将侧缝、下身轮廓标记出来，修剪多余量（图3-9、图3-10）。

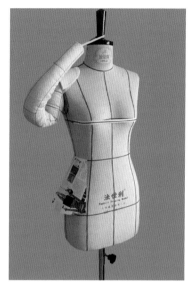

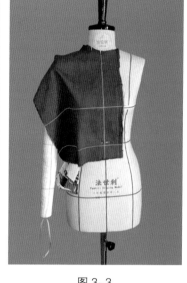

图3-2　　　　　　　　　　　　图3-3

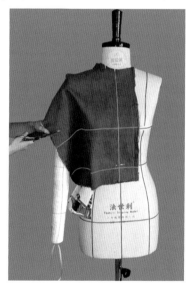

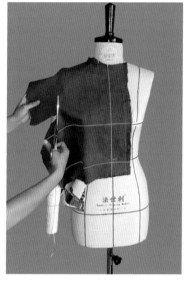

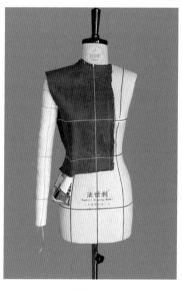

图3-4　　　　　　　　　　图3-5　　　　　　　　　　图3-6

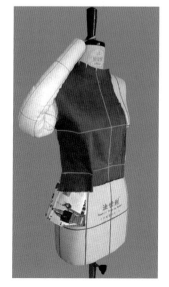

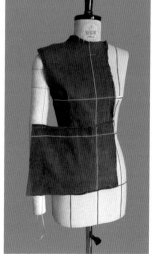

图3-7　　　　　　图3-8　　　　　　图3-9　　　　　　图3-10

（5）取第三块大小适中面料烫平，用划粉标记出后中心线和胸围线，将后片面料扎在人台上，要求胸围线、后中心线与人台标记线对齐，修剪领口多余量（图3-11）。

（6）在后宽点处留出一定松量，用剪刀修剪袖窿、肩缝，在腋下用立裁针固定（图3-12、图3-13）。

（7）在腰节处将多余的布料捏出省，腰节处留出2cm的松量（图3-14～图3-17）。

（8）在腰节下方扎上第四块面料，用标记带将下身轮廓标记出来，修剪多余量（图3-18、图3-19）。

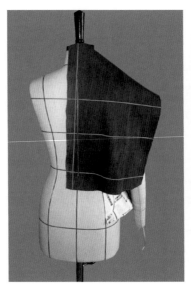
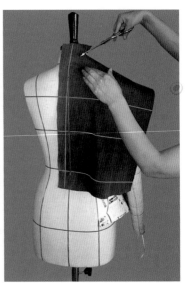

图3-11　　　　　　　　图3-12

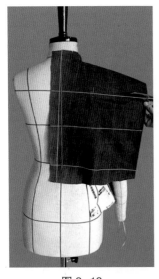
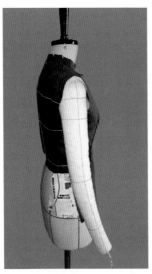
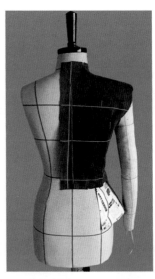
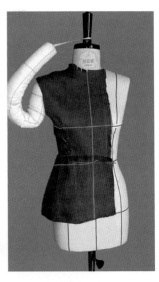

图3-13　　　　图3-14　　　　图3-15　　　　图3-16

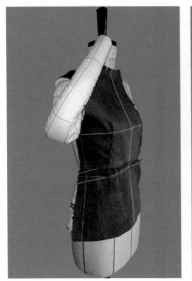
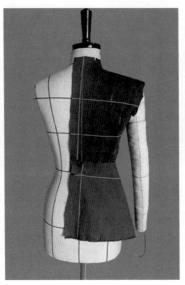
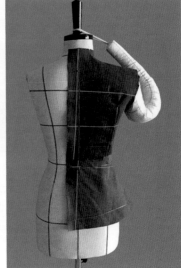

图3-17　　　　　　图3-18　　　　　　图3-19

（9）修剪侧缝，将前后衣片扎和，修整前后衣片多余量（图 3-20 ～图 3-22）。

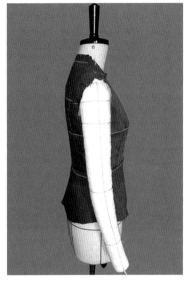 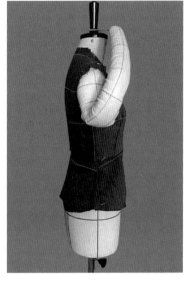 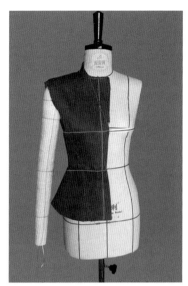

图 3-20　　　　　　　　　图 3-21　　　　　　　　　图 3-22

（10）翻折牛仔服驳头，用标记线标注出来（图 3-23）。

（11）烫好领子布料，领口的后中心与后片大身对齐，在领座处打上剪口，围绕领口在领脚线处扎上立裁针，将领片翻折过来，在外领口处贴上标记线，用剪刀修剪多余的量，做出领子（图 3-24 ～图 3-26）。

 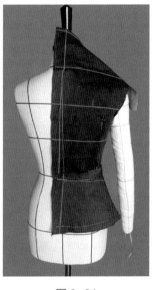  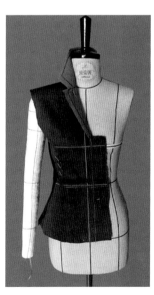

图 3-23　　　　　　　图 3-24　　　　　　　图 3-25　　　　　　　图 3-26

（12）烫好袖子布料，将布料披在肩上，沿着袖窿弧度依次扎好立裁针，在前后宽点处用剪刀打出剪口，扎合袖窿和袖子底缝（图 3-27 ～图 3-29）。

（13）将衣片拆开，重新修剪，熨烫用立裁针扎好的效果图（图 3-30、图 3-31）。

（14）衣片平面展示图（图 3-32）。

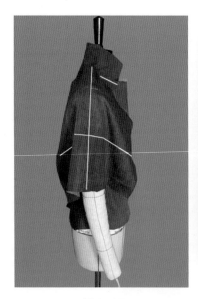

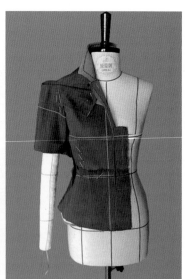

图 3-27　　　　　　　　图 3-28　　　　　　　　图 3-29

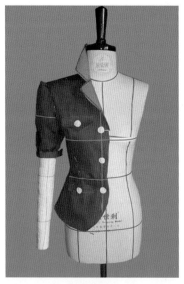
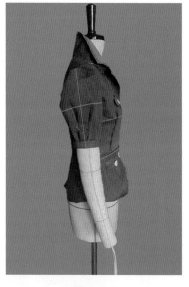

图 3-30　　　　　　　　图 3-31

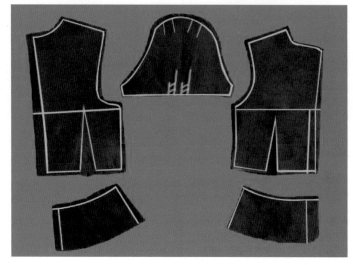

图 3-32

3.2 CHRISTIAN DIOR 女装

此款（图3-33）为克里斯汀·迪奥（CHRISTIAN DIOR）经典款式，其特点是束腰、放摆，腰身以上合体，从腰身以下廓型，上下反差比较大。此款重点训练人台的修正以及服装廓型立体裁剪操作方法。

图3-33

（1）在人台用垫肩在腰节线以下做出服装轮廓造型，要求造型符合服装轮廓（图3-34、图3-35）。

（2）取大小适中面料烫平，用划粉标记出前中心线和胸围线（图3-36）。修剪领口多余量，均匀的打出剪口（图3-37）。

（3）在腰节处分别捏出两个省，要求腰节以上符合人体贴身，腰节以下按造型轮廓做出廓形处理，修剪侧缝、肩缝多余量（图3-38、图3-39）。

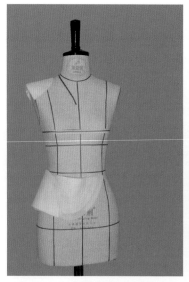 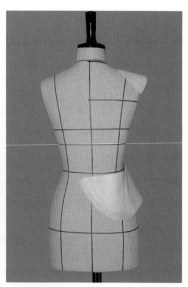

图 3-34　　　　　　　　　　图 3-35

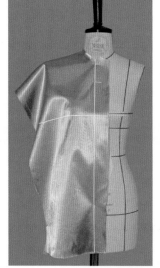 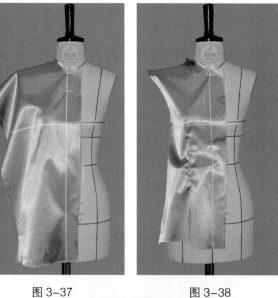 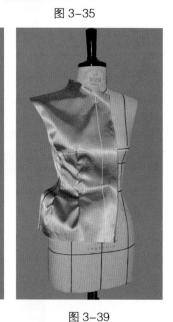

图 3-36　　　　　图 3-37　　　　　图 3-38　　　　　图 3-39

（4）取大小适中面料烫平，用划粉标记出后中心线和胸围线，修剪领口多余量，均匀的打出剪口，腰节处打剪口，用标记线标注出后中心线，要求腰节收进2cm，下摆放出1.5cm（图3-40、图3-41）。

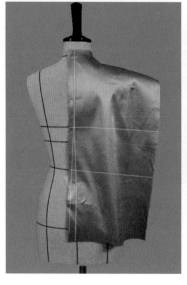

图 3-40　　　　　　　　　　图 3-41

（5）在腰节处分别捏出两个省，要求腰节以上符合人体贴身，腰节以下按造型轮廓做出廓形处理（图3-42、图3-43）。

（6）侧缝腰节以上要求合体，腰节以下做出廓形处理，胸部留出适当松量，修剪多余肩缝，用立裁针纵向扎好，后肩缝吃量均匀吃在肩部中间部位（图3-44～图3-46）。

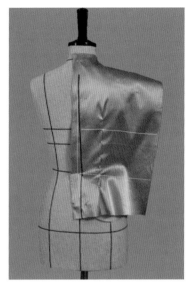
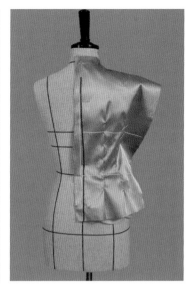

图3-42　　　　　　　图3-43

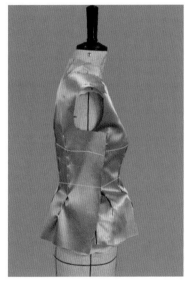
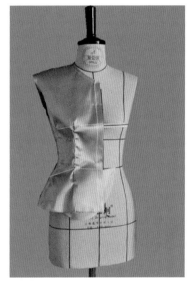
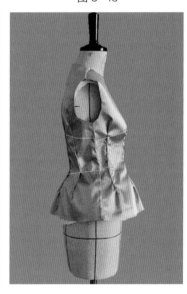

图3-44　　　　　　图3-45　　　　　　图3-46

（7）烫好领子布料，领口的后中心与后片大身对齐，在领座处打上剪口，围绕领口在领脚线处扎上立裁针，将领片翻折过来，在外领口处贴上标记线，用剪刀修剪多余的量，做出领子（图3-47～图3-53）。

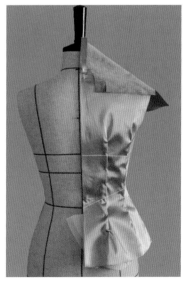
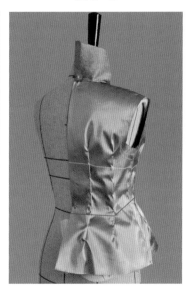

图3-47　　　　　　　图3-48

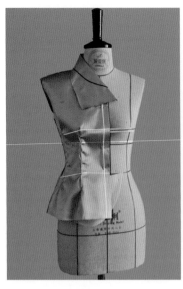

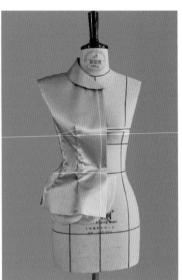

图 3-49　　　　　　　　　图 3-50　　　　　　　　　图 3-51

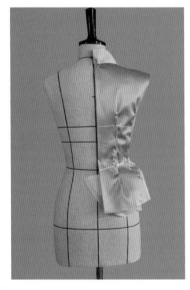
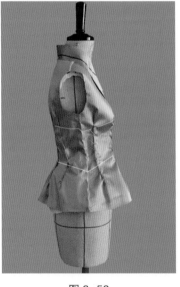

（8）拆下立裁衣片，放平烫好，用划粉将轮廓线标记出来（图 3-54、图 3-55）。

图 3-52　　　　　　　　　图 3-53

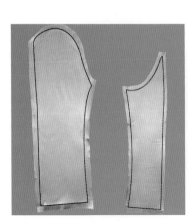
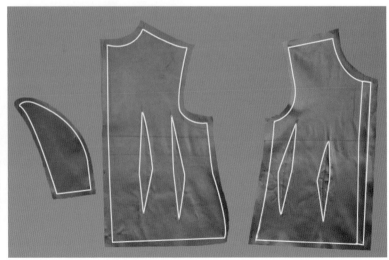

图 3-54　　　　　　　　　　　　　　　图 3-55

（9）将衣片省道烫好，用立裁针依次将大身衣片、领子、袖子扎好，重新将立裁服装固定到人台上（图 3-56 ~ 图 3-58）。

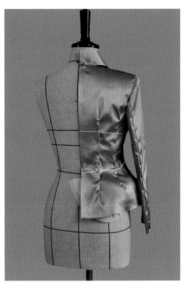

图 3-56   图 3-57   图 3-58

（10）平面结构图（图 3-59）。

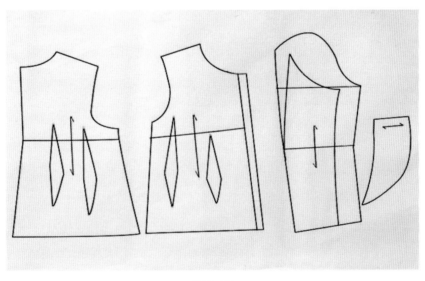

图 3-59

3.3 HERMES 女装

此款（图 3-60）是 HERMES 时装款，其特点是青果领、花型的小底摆，整款显得清新、素雅。爱马仕（HERMES）是世界著名的奢侈品牌，是一家忠于传统手工艺，不断追求创新的国际化企业，截至2014 年已拥有箱包、丝巾领带、男装、女装和生活艺术品等 17 类产品系列。爱马仕的总店位于法国巴黎，分店遍布世界各地，1996 年在北京开了中国第一家专卖店，"爱马仕"为中国统一中文译名。爱马仕一直秉承着超凡卓越、极致绚烂的设计理念，造就优雅之极的传统典范。

图 3-60

（1）在人台，用垫肩在腰节线以下做出服装轮廓造型，要求造型符合服装轮廓（图3-61）。

（2）取一片大小适中的面料烫平，用划粉标记出前中心线和胸围线（图3-62）。修剪领口多余量，均匀地打出剪口（图3-63）。

（3）在胸围处留出一定松量，用剪刀修剪袖窿、肩缝，在腋下用立裁针固定（图3-64～图3-66）。

（4）在腋下处捏出腋下省，要求做好正面与侧面的转换和舒适（图3-67～图3-69）。

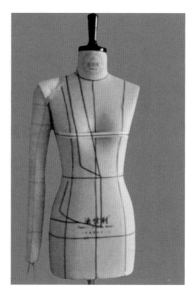
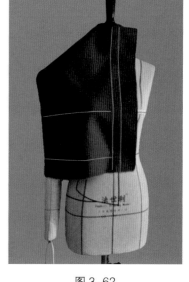

图3-61 　　　　　　　　　　图3-62

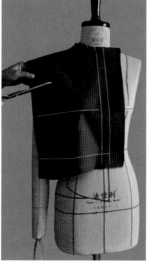
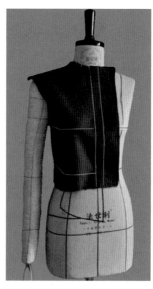
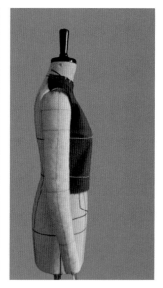

图3-63 　　　　　图3-64 　　　　　图3-65 　　　　　图3-66

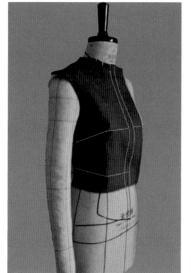
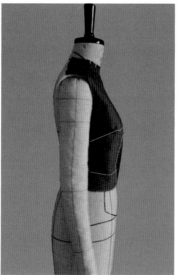
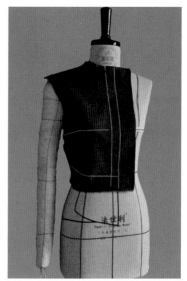

图3-67 　　　　　　　图3-68 　　　　　　　图3-69

（5）在腰节下方扎上第二片面料，用标记带将下身轮廓标记出来（图3-70～图3-72）。

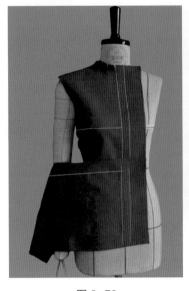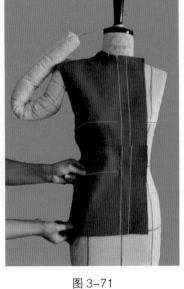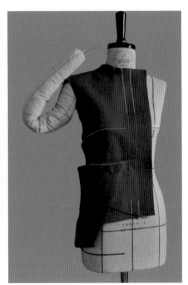

图3-70　　　　　　　　　　图3-71　　　　　　　　　　图3-72

（6）按轮廓线修剪下摆和侧缝（图3-73、图3-74）。

（7）取大小适中面料烫平，用标记线标记出后中心线，要求腰节处收进2cm，将第三片后片面料扎在人台上，修剪领口多余量（图3-75、图3-76）。

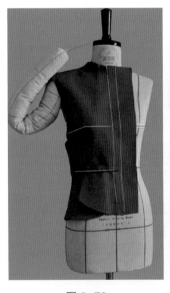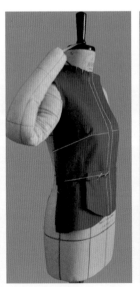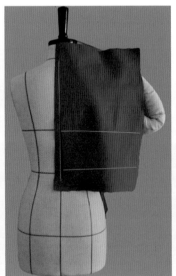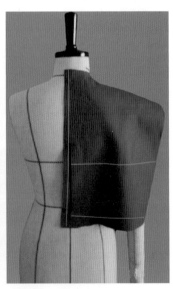

图3-73　　　　　　　图3-74　　　　　　　图3-75　　　　　　　图3-76

（8）在后宽点处留出一定松量，用剪刀修剪袖窿、肩缝，在腋下用立裁针固定（图3-77～图3-79）。

（9）用标记线标记出刀背线，留出做缝修剪多余布料（图3-80、图3-81）。

（10）第四片上侧后片，用立裁针沿着刀背线、侧缝分别固定立裁针（图3-82～图3-84）。

（11）在腰节下方扎上第五片面料，将下身轮廓标记出来，修剪多余量，合并侧缝（图3-85～图3-87）。

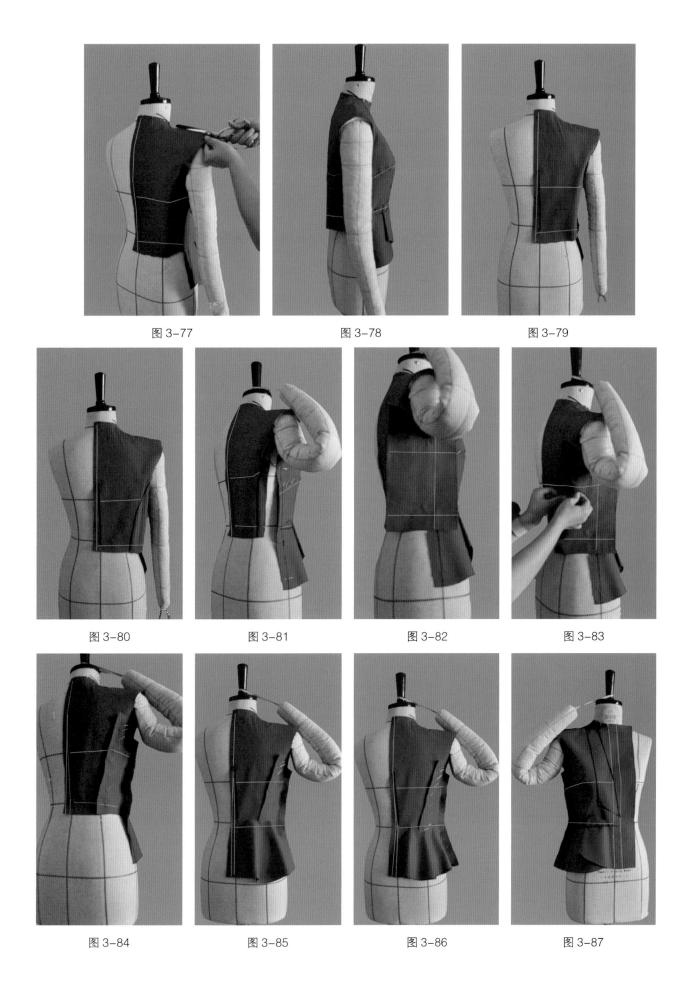

图 3-77　　　　　　　　　　图 3-78　　　　　　　　　　图 3-79

图 3-80　　　　　　图 3-81　　　　　　图 3-82　　　　　　图 3-83

图 3-84　　　　　　图 3-85　　　　　　图 3-86　　　　　　图 3-87

（12）烫好领子布料，领口的后中心与后片大身对齐，在领座处打上剪口，围绕领口在领脚线处扎上立裁针，将领片翻折过来，在外领口处贴上标记线，用剪刀修剪多余的量，做出领子（图 3-88 ~ 图 3-90）。

图 3-88　　　　　　　　　　图 3-89　　　　　　　　　　图 3-90

（13）用平面制板的方法修剪出袖片，将裁好的袖片沿着袖窿弧线用立裁针依次固定（图 3-91 ~ 图 3-93）。

图 3-91　　　　　　　　　　图 3-92　　　　　　　　　　图 3-93

（14）将衣片拆开，重新修剪，熨烫用立裁针扎好的效果图（图 3-94 ~ 图 3-97）。

图 3-94

图 3-95

图 3-96

（15）纸样平面展示图（图3-98）。

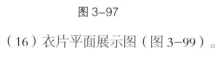
图 3-97

图 3-98

（16）衣片平面展示图（图3-99）。

图 3-99

3.4 Burberry 男西服

此款（图 3-100）为 Burberry 男西服，Burberry 是极具英国传统风格的奢侈品牌，其创办于 1856 年，是英国皇室御用品，现在成为一个"永恒"的品牌。

西装源自英国王室的传统服装，在造型上延续了男士礼服的基本形式，属于日常服中的正统装束，使用场合甚为广泛，并从欧洲影响到国际社会，成为世界指导性服装。

图 3-100

（1）在人台上分别用标记线标记出驳头、搭门、侧片分割线，贴合其比例结构（图3-101、图3-102）。

（2）取前片白坯布烫好后，用铅笔标记出前中心线、胸围线、腰围线、臀围线后，对准人台的各个标注线用立裁针依次固定（图3-103）。

（3）将一定省量转移至胸围线用立裁针固定，胸围线以上前中心线向外倾斜产生撇胸效果，用标记线重新确定前中心线（图3-104）。

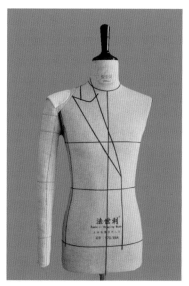 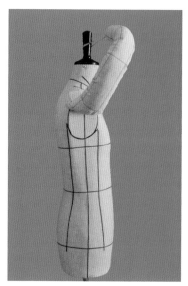

图 3-101　　　　　　　　图 3-102

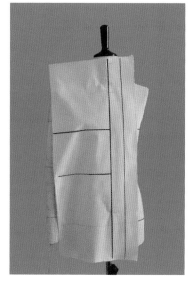 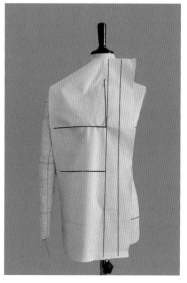

（4）在胸围处留出适当松量固定立裁针，在驳头根部打剪口，将白坯布沿驳口线翻折，用标记线标记出驳头（图3-105、图3-106）。

（5）在腰节处做出省道，注意松度要合适，在侧面标注出侧缝线（图3-107、图3-108）。

图 3-103　　　　　　　　图 3-104

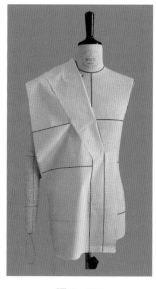   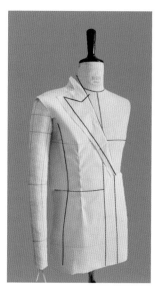

图 3-105　　　　　图 3-106　　　　　图 3-107　　　　　图 3-108

（6）用标记线标记兜位，用剪刀沿兜位剪开，在侧缝处用剪刀修剪出一个省道，省宽 0.5cm，从新标注侧缝线（图 3-109 ～图 3-111）。

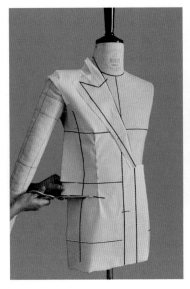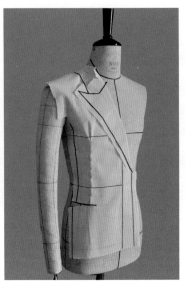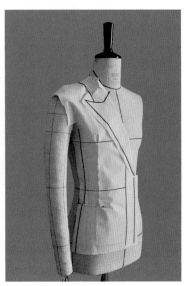

图 3-109　　　　　　　　　　图 3-110　　　　　　　　　　图 3-111

（7）取后片白坯布烫好后，用铅笔标记出后中心线、胸围线、腰围线、臀围线后，对准人台的各个标注线用立裁针依次固定（图 3-112）。

（8）在腰节处打剪口，用手抚平白坯布，将后中心线用标记线重新标注出来（图 3-113）。

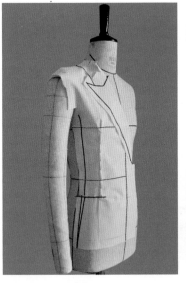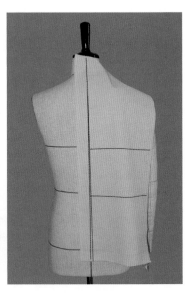

图 3-112　　　　　　　　图 3-113

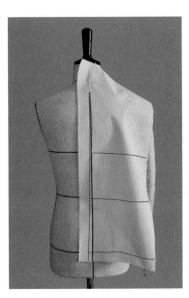

图 3-114

（9）修剪领口与肩部多余量，沿着肩胛骨水平移动面料到袖窿点，沿着袖窿点将布料移到肩缝，在肩缝处将多余的面料捏成省（图 3-114）。

（10）用标记线标注出后侧缝线，修剪袖窿，注意要留出合适松量（图 3-115 ～图 3-119）。

（11）在侧片白坯布标记出直纱、胸围线、腰围线、臀围线，对准人台的各个标注线用立裁针依次固定，两侧留出适度松量，要求布料自然平顺，将侧缝分别用立裁针固定（图 3-120 ～图 3-124）。

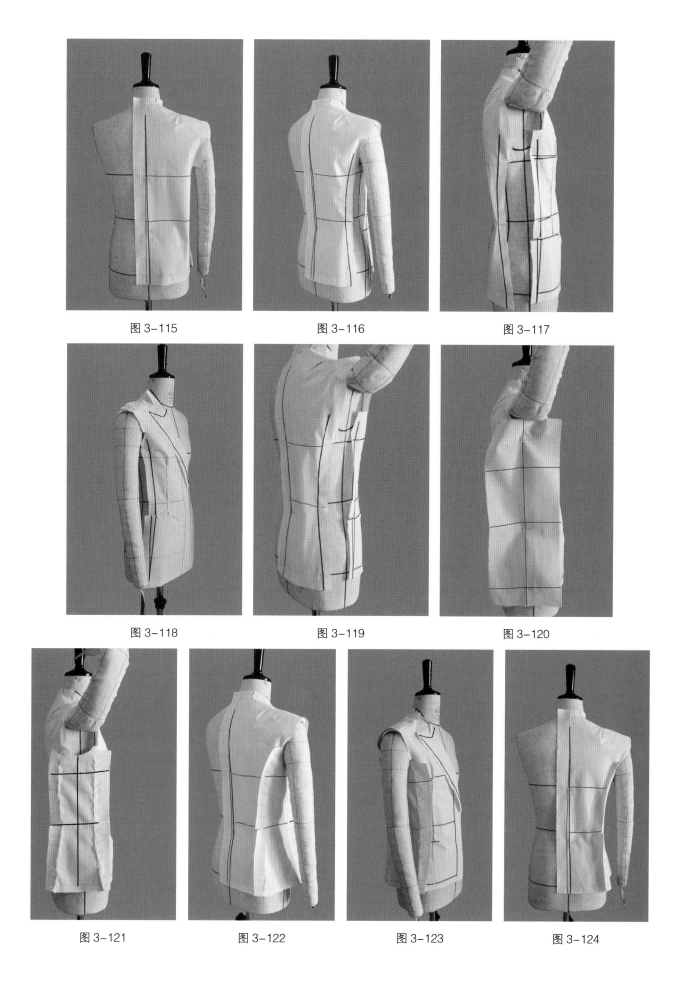

图 3-115　　　　　　　　　图 3-116　　　　　　　　　图 3-117

图 3-118　　　　　　　　　图 3-119　　　　　　　　　图 3-120

图 3-121　　　　　　　图 3-122　　　　　　　图 3-123　　　　　　　图 3-124

（12）用铅笔将各缝线标记出来，将面料做缝、折光后用熨斗烫倒后，再用立裁针固定（图 3-125 ～图 3-130）。

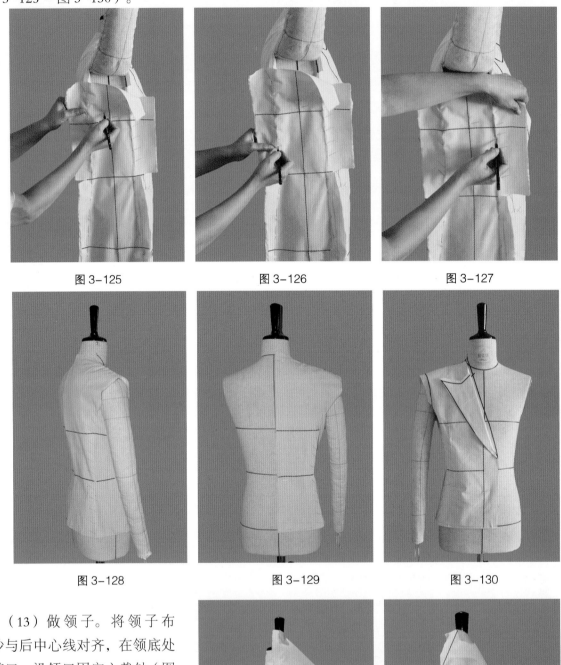

图 3-125　　　　　　　　　图 3-126　　　　　　　　　图 3-127

图 3-128　　　　　　　　　图 3-129　　　　　　　　　图 3-130

（13）做领子。将领子布直纱与后中心线对齐，在领底处打剪口，沿领口固定立裁针（图 3-131 ～图 3-133）。

（14）做袖子。先用平裁的方法打出袖子，将袖子前后侧缝用立裁针固定。将袖子底缝与袖窿用立裁针固定，沿着袖窿将袖子用立裁针固定，注意袖子要自然，袖山处尺量要均匀（图 3-134 ～图 3-136）。

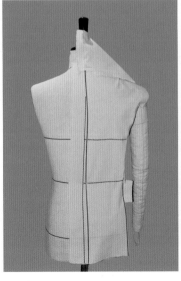

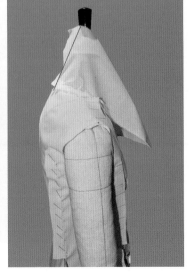

图 3-131　　　　　　　　　图 3-132

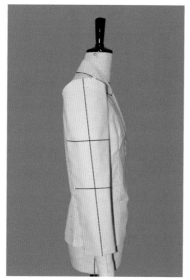

图 3-133　　　　　　　　　　图 3-134

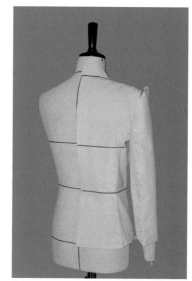

（15）西服的白坯布和纸样，纸
样标注：纱向、刀眼、扣位、文字等
（图 3-137 ~ 图 3-141）。

图 3-135　　　　　　　　　图 3-136

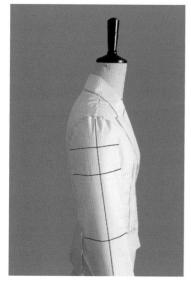

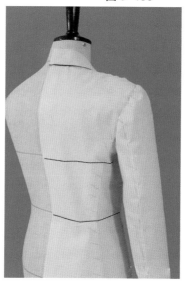

图 3-137　　　　　　　　图 3-138　　　　　　　　图 3-139

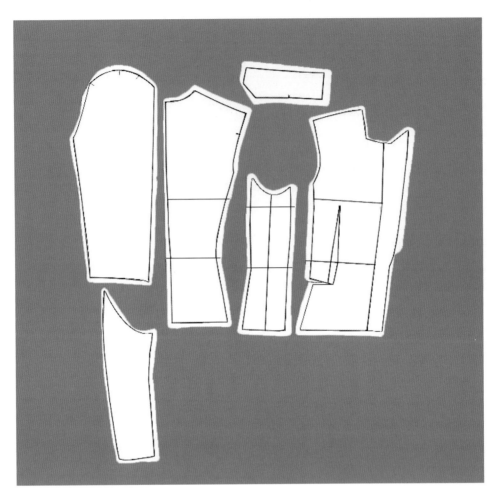

图 3-140

图 3-141

3.5 CHRISTIAN DIOR 女装

此款（图 3-142）是 CHRISTIAN DIOR 克里斯汀·迪奥 2014 女装款，迪奥的设计重点在于服装的女性造型线条，强调女性的凸凹有致，女性独特的魅力被淋漓尽致地体现。迪奥时装的华丽、豪华、奢侈，在传统和创意、古典和现代、硬朗和柔情中寻求统一的晚礼服总让人们屏息凝神，惊诧不已。

迪奥自 1946 年创始以来，一直是华丽与高雅的代名词，不论是时装、化妆品还是其他产品，克里斯汀·迪奥在时尚殿堂一直雄踞顶端。

此款重点研究立体裁剪中多片分割与组合，立体吊挂裁片制作手法。

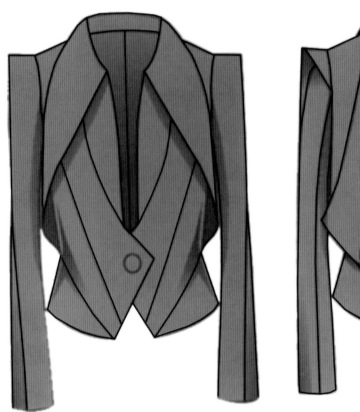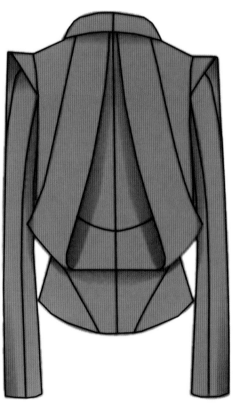

图 3-142

（1）在人台上用标记带标记出前衣片外形轮廓（图3-143）。

（2）取白坯布烫好后，用铅笔标记出前中心线、胸围线、腰围线、臀围线后，对准人台的各个标注线用立裁针依次固定（图3-144）。

（3）在布料上用标记带标记出前中小片，留出适度松量，用剪刀修剪领口和侧缝（图3-145、图3-146）。

（4）将前大片布料用铅笔标记出前中心线、胸围线、腰围线、臀围线后，对准人台的各个标注线用立裁针依次固定（图3-147）。

（5）在前侧片布上用标记带标记出标记线，用立裁针固定（图3-148、图3-149）。

（6）留出适度松量，在前侧片处捏出一定省量用立裁针固定，修剪前侧片做缝（图3-150～图3-152）。

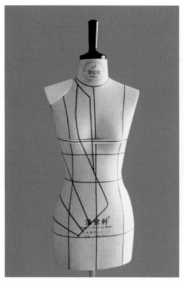

图 3-143

图 3-144

图 3-145

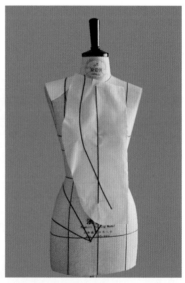

图 3-146

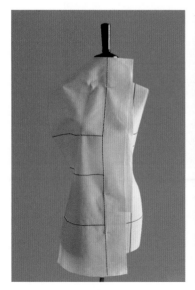

图 3-147

图 3-148

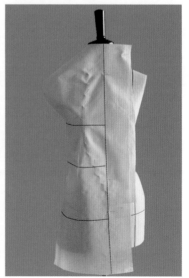

图 3-149

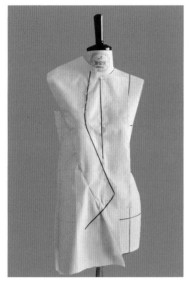

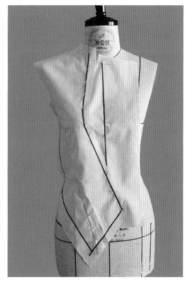

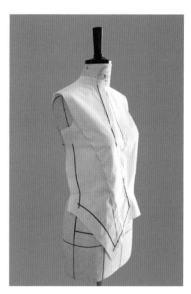

图 3-150

图 3-151

图 3-152

（7）取后片白坯布烫好后，用铅笔标记出后中心线、胸围线、腰围线、臀围线后，对准人台的各个标注线用立裁针依次固定（图 3-153）。

（8）修剪肩缝、侧缝和底摆，在侧面下半部做造型，布片 45° 斜丝对准侧缝线用立裁针固定（图 3-154 ～ 图 3-157）。

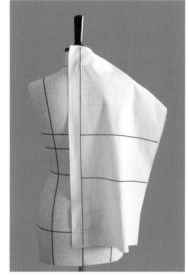

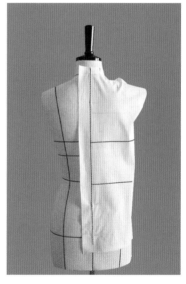

图 3-153

图 3-154

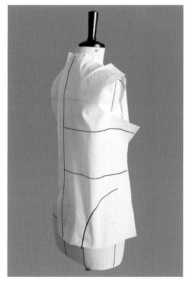

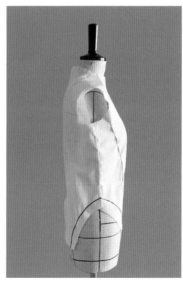

图 3-155

图 3-156

图 3-157

（9）将领片中心线与后衣片中心线对齐，在后中心取领座高4cm做翻折布片，使领子外围线紧贴衣身，领片从后向前身绕，注意松紧要适宜（图3-158～图3-162）。

（10）做后背吊挂衣片，要求丝道垂直（图3-163）。

（11）用标记带标出垂挂片造型，修剪多余面料（图3-164～图3-166）。

（12）袖片造型制作（图3-167）。

（13）完成后的效果（图3-168～图3-170）。

图 3-158

图 3-159

图 3-160

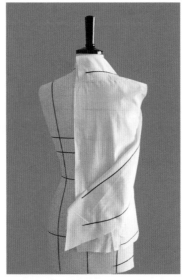
图 3-161

图 3-162

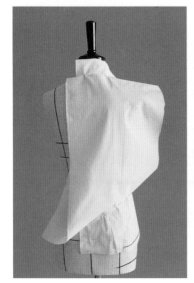
图 3-163

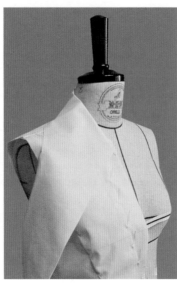
图 3-164

图 3-165

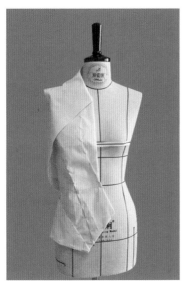
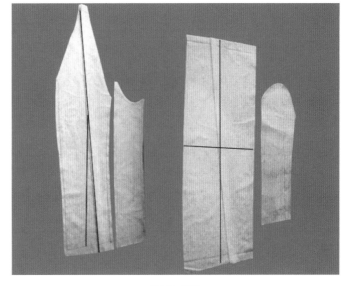

图 3-166 　　　　　　　　　　　　图 3-167

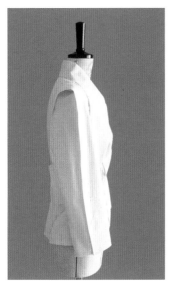
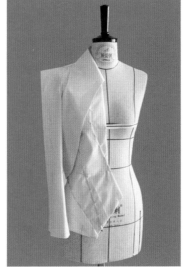
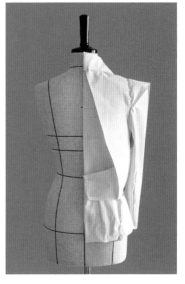

图 3-168 　　　　　图 3-169 　　　　　图 3-170

（14）吊挂式服装平面图（图 3-171）。

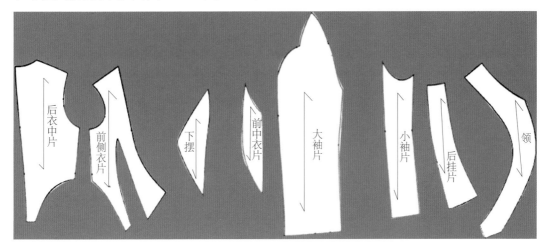

图 3-171

3.6　PRADA 女装

此款（图 3-172）为 PRADA 品牌 2012 秋装款，展示出现代女性的摩登、干练、飘逸的风格。意大利奢侈品牌 PRADA 由玛丽奥·普拉达（Miuccia Prada）于 1913 年在意大利米兰创建。玛丽奥·普拉达的独特天赋在于对新创意的不懈追求，融合了对知识的好奇心和文化兴趣，从而开辟了先驱之路。她不仅能够预测时尚趋势，更能够引领时尚潮流。Prada 提供男女成衣、皮具、鞋履、眼镜及香水，并提供量身定制服务。

大家在学习立体裁剪中"廓形服装"是有一定难度的，服装的松度不好掌握，此款服装重点研究宽松服装立体裁剪的手法。

图 3-172

（1）取前片白坯布熨烫好后，用铅笔标记出前中心线、胸围线、腰围线、臀围线后，对准人台的各个标注线用立裁针依次固定（图3-173）。

（2）打出剪口，翻折布料，做出翻驳头，胸围处留出合适松量，修剪出袖窿、肩缝（图3-174～图3-176）。

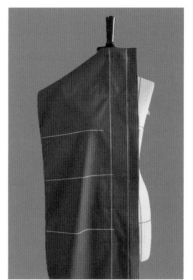
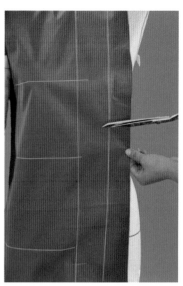

图 3-173

图 3-174

图 3-175

图 3-176

（3）用标记线标记出前片的分割线，留出做缝修剪（图3-177、图3-178）。

（4）做刀背小片，要求丝道准确，松紧适度（图3-179、图3-180）。

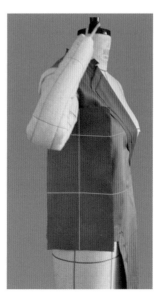

图 3-177

图 3-178

图 3-179

图 3-180

（5）披上前侧下片，用标记线标记出（图3–181、图3–182）。

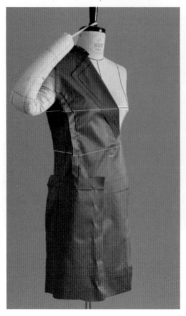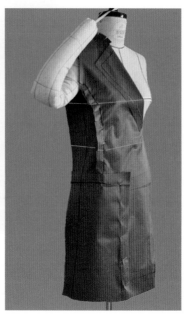

图 3–181　　　　　　　　　　　　　　图 3–182

（6）取后片白坯布熨烫好后，用标记线标记出后中心线、胸围线、腰围线，对准人台的各个标注线用立裁针依次固定，修剪领口（图3–183、图3–184）。

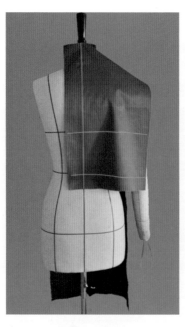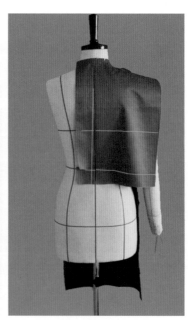

图 3–183　　　　　　　　　　　　　　图 3–184

（7）修剪后片袖窿、肩缝，用立裁针盖扎前后肩缝（图3-185、图3-186）。

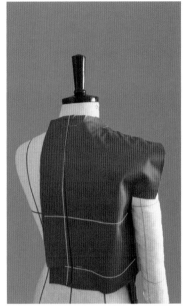

图3-185　　　　　　　　　　　图3-186

（8）用标记线标记出前片的分割线，留出做缝修剪，后宽要留出合适松量，标记出侧片分割线，用剪刀修剪，留2cm做缝（图3-187、图3-188）。

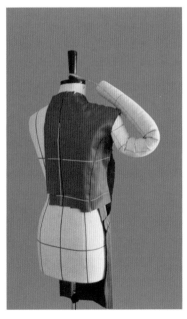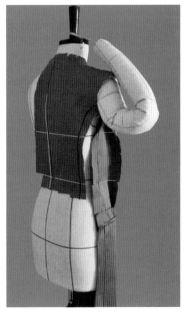

图3-187　　　　　　　　　　　图3-188

（9）做刀背小片，要求丝道准确，松紧适度（图 3-189 ~ 图 3-191）。

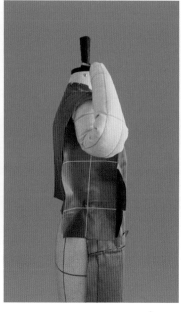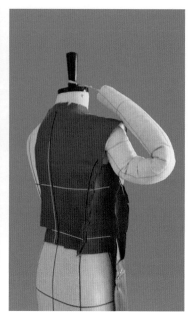

图 3-189 　　　　　　　　　　图 3-190 　　　　　　　　　　图 3-191

（10）披上后侧下片，要求波浪线自然（图 3-192、图 3-193）。

图 3-192 　　　　　　　　　　图 3-193

（11）做后片披风育克要求后宽用横纱要水平，松量要宽松，领口、肩斜线与后片大身一样，用标记线做出领口（图3-194、图3-195）。

（12）烫好布料，领口的后中心与后片大身对齐，在领座处打上剪口，围绕领口在领脚线处扎上立裁针，修剪领片底座，在外领口处贴上标记线，用剪刀修剪多余的量，做出领片底领（图3-196～图3-199）。

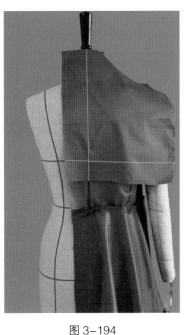

图 3-194

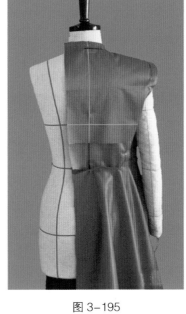

图 3-195

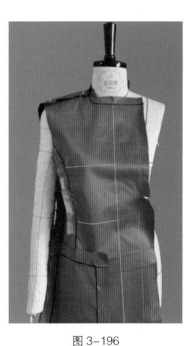

图 3-196

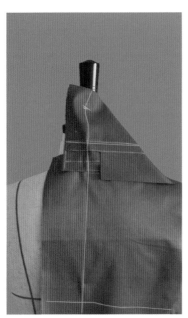

图 3-197

图 3-198

图 3-199

（13）做翻领，将布直纱与后中心线对齐，在领脚处打剪口，沿底领固定立裁针，翻折过来要自然顺畅，沿着领座外领口线依次做外翻领（图3-200～图3-202）。

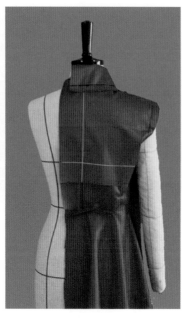

图3-200　　　　　　　　　　图3-201　　　　　　　　　　图3-202

（14）将样衣展开，用划粉将结构线修顺，用剪刀修剪做缝，在布料下面放上打板纸，用滚轮将样衣结构线拓下。衣片平面展示图（图3-203）。

图3-203

（15）重新将衣片修剪、烫好，用立裁针依次固定。样衣展示效果（图 3-204 ～图 3-206）。

图 3-204

图 3-205

图 3-206

3.7　PAUL SMITH 男裤

此款（图 3-207）为保罗·史密斯（PAUL SMITH）男裤，其品牌遵循古典主义，在国际高级男装成衣独树一帜，本款风格的前片为单褶，后片为双省，采用可分腿专用法世利工业立裁人台，重点分解裤装前后龙门的处理方法。

图 3-207

（1）取分腿裤装人台右侧，在裤装人台上贴好腰围、臀围、膝盖、裤口、前中心、侧缝、大腿围等标记线（图3-208～图3-211）。

（2）裁好布料，在布料上注明腰围线、臀围线、横裆线、前中心线，在人台上用大头针固定（图3-212）。

（3）在腰围捏出前褶，翻转布料，在内侧缝、外侧缝处用标记带注明，修剪多余的量（图3-213～图3-216）。

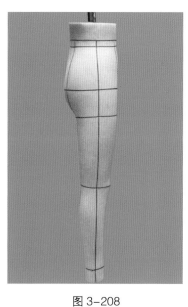

图 3-208

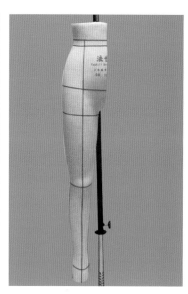

图 3-209

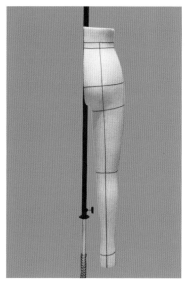

图 3-210

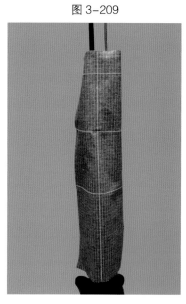

图 3-211

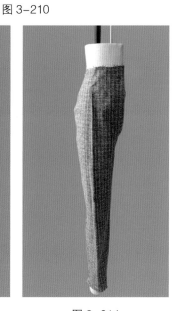

图 3-212

图 3-213

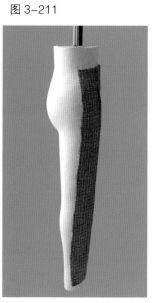

图 3-214

图 3-215

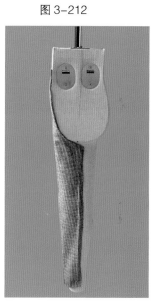

图 3-216

（4）裁好后片布料，在布料上注明腰围线、臀围线、横裆线、前中心线，在人台上用大头针固定（图3-217）。

（5）在后片腰围线处分别捏出两个省，用立裁针分别固定（图3-218、图3-219）。

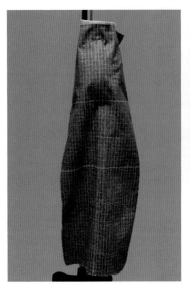
图 3-217

图 3-218

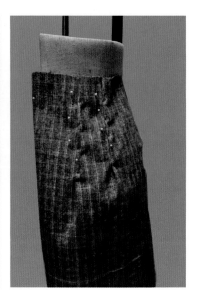
图 3-219

（6）留出适当的松量，用标记线在裆缝、内外侧缝处用标记线做好标记（图3-220、图3-221）。

（7）修剪多余的布料，将裤子样衣拆开，重新修改好版型，做出纸板，用熨斗烫好样衣版，用立裁针重新固定（图3-222～图3-224）。

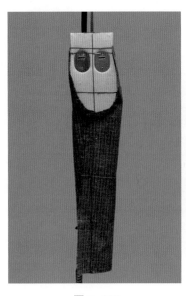
图 3-220

图 3-221

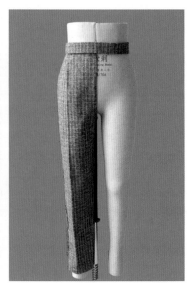
图 3-222

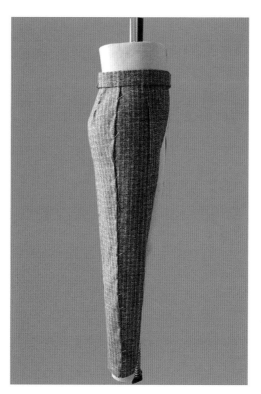

图 3-223

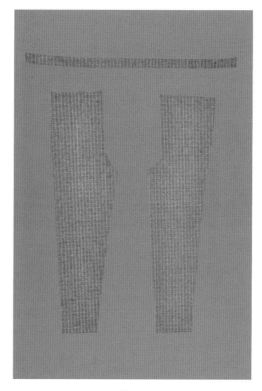

图 3-224

创意设计 篇

第4章　婚纱、礼服制作

　　本章采用欧美高级成衣定制方法，结合国际大师作品，深入分析立体裁剪的更高水准创意设计剪裁，这种欧美裁剪方法在中国市场才刚开始，创意设计立裁更加注重服装款式的造型设计，可以拓展服装裁剪师的思维，同时提高其审美鉴赏能力。

4.1　John Galliano 婚纱

此款（图 4−1）为英国 John Galliano 2013 作品，其设计构思富有激情和想象力，凭借大胆前卫的剪裁和别具匠心的设计，从彩色玻璃纱推褶到扇子造型，都为其奢华婚纱添加了神话般的光芒。优美的立体造型，精湛的裁剪工艺，是构成高级服装整体风格的关键。

图 4−1

此款重点展示立体裁剪中婚纱的完美创意和造型手法。

（1）按基本制作方法做出礼服轮廓（图4-2）。

（2）取与领口形状大小相同的面料在上面均匀地留出褶量，再逐个推出碎褶（图4-3、图4-4）。

（3）按领型修剪四周做净，并与衣身上半截网纱部分领型位置固定（图4-5）。

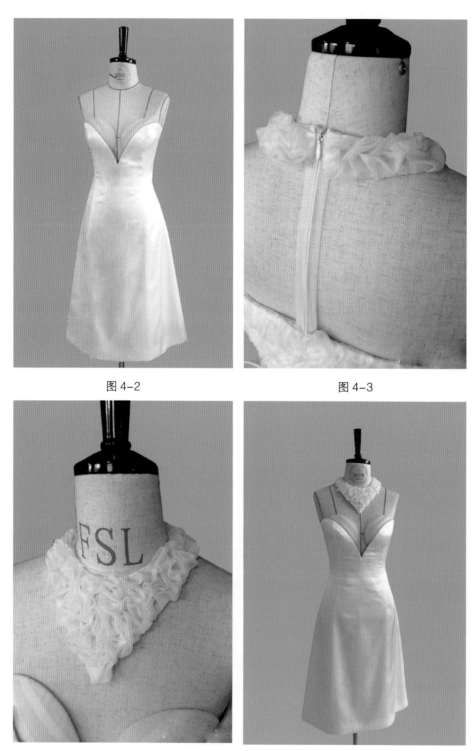

图4-2 图4-3

图4-4 图4-5

（4）取大小适中的面料，在衣身上口留出褶量用立裁针固定（图 4-6、图 4-7）。

图 4-6　　　　　　　　　　　　　　　　图 4-7

（5）将褶量打散用立裁针固定（图 4-8、图 4-9）。

图 4-8　　　　　　　　　　　　　　　　图 4-9

（6）根据款式逐个推出碎摺，用立裁针固定（图4-10、图4-11）。

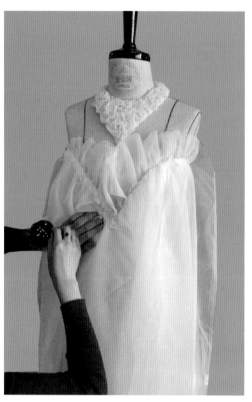 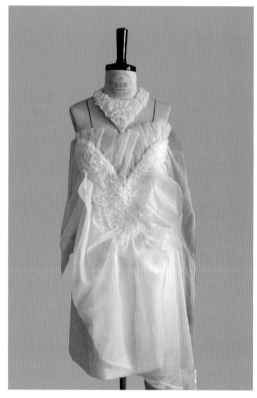

图4-10　　　　　　　　　　　　　　　图4-11

（7）在腰省处留出多余的量，用剪刀修剪，注意推褶时要掩盖刀口（图4-12、图4-13）。

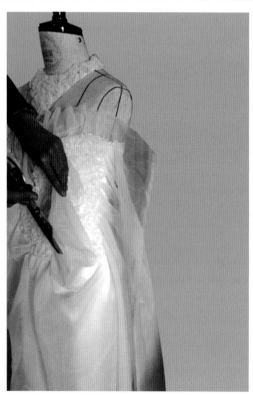 

图4-12　　　　　　　　　　　　　　　图4-13

（8）修剪腰节多余量后毛边用碎褶覆盖，推褶，直到所需位置（图4-14、图4-15）。

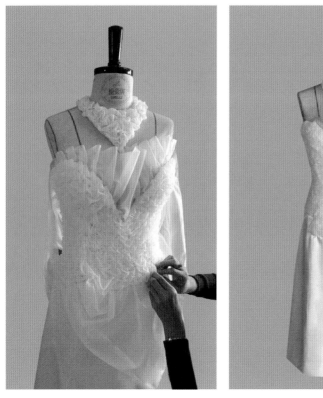 

图4-14　　　　　　　　　　　　　　　　图4-15

（9）做出一个整圆，两个半圆大小适中的扇形褶（图4-16）。

图4-16

（10）整圆在衣身腰节处用立裁针固定，半圆分别在上下用整圆覆盖一部分，将皮尺一端固定在肩颈点，另一端自然下垂参考长度（图4-17、图4-18）。

（11）取大小适中的面料，在衣身上找出立裁片的位置，做出合适的褶量及形状，用立裁针固定，扇形立裁片影响操作可先做出位置标记，暂时取下，做好立裁褶后再按标记的位置固定（图4-19～图4-22）。

（12）取大小适中的面料，在衣身侧面找出立裁片的位置，做出合适的褶量及波浪形状用标记带做出标记再用剪刀修剪，调整立裁片，调整前身整体效果（图4-23～图4-28）。

图4-17

图4-18

图4-19

图4-20

图4-21

图4-22

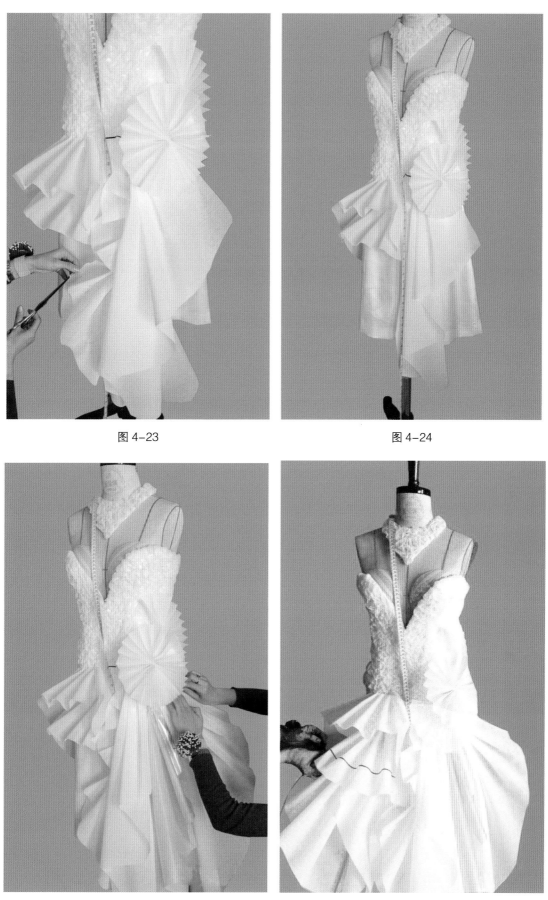

图 4-23

图 4-24

图 4-25

图 4-26

图 4-27

图 4-28

图 4-29

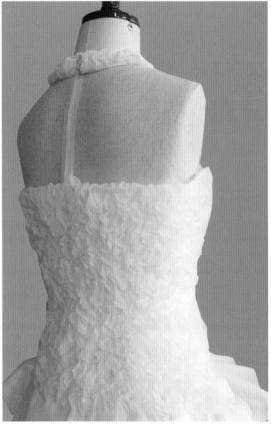

图 4-30

（13）取大小适中的面料在后片做出立裁褶调整后身效果（图 4-29～图 4-31）。

（14）取大小适中的面料，在后身腰节处固定，留出拖尾量修剪出合适的形状（图 4-32、图 4-33）。

（15）在拖尾片上覆盖蕾丝面料，根据拖尾形状调整蕾丝花型后用手针固定（图 4-34～图 4-36）。

图 4-31   图 4-32

图 4-33   图 4-34

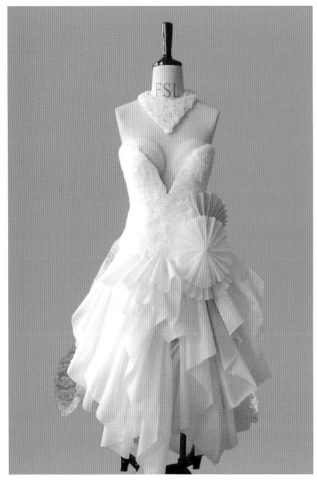

图 4-35

图 4-36

4.2 Givenchy 礼服

此款（图4-37）为法国设计师纪梵希（Givenchy）2013作品，其采用青花缎材料，缎表面光滑，是质地既柔又厚的丝织品。展现出复古的社交生活和怀旧感赋予了现代女性与众不同的气质。Carolina Herrera品牌融合尊贵华丽亚洲和现代摩登欧洲的礼服设计风格极富张力与个性。

此款礼服采用立体裁剪手法可以更好地展现服装的造型。

图4-37

（1）取胸垫一副，在人台上用针固定，两胸垫之间用5cm布条绷紧，再按照款式将标记线贴好裙底的轮廓（图4-38、图4-39）。

（2）取面料烫平，整理纱向，做前片的打底片（图4-40、图4-41）。

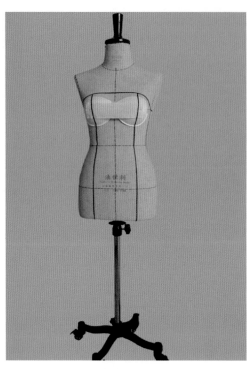
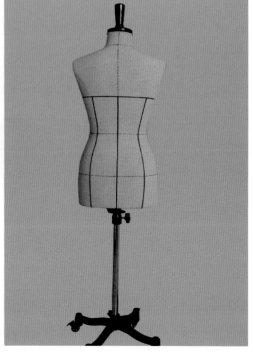

图4-38　　　　　　　　　　　　　　　　图4-39

图4-40　　　　　　　　　　　　　　　　图4-41

（3）做后打底片，做好后片，侧缝，肩缝用大头针与前片抓合在一起，再把侧缝抓合在一起（图4-42）。

（4）取45°斜丝面料，粘好无纺衬，用熨斗烫好（图4-43）。

（5）在前左上片做装饰带立裁，注意胸部凸起面，选用斜度面料做叠褶，左侧缝用大头针固定，自然、平顺地向右上平铺（图4-44～图4-46）。

（6）将斜纱面料用立裁针固定好，把多余的叠褶面料修剪掉（图4-47）。

图4-42

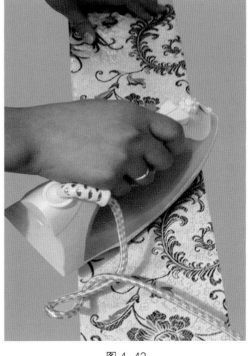

图4-43

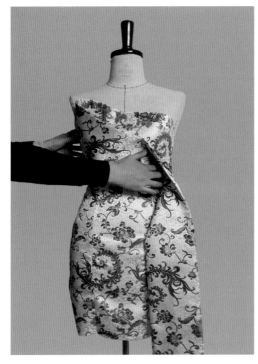

图4-44

图4-45

图 4-46　　　　　　　　　　　　　　　图 4-47

（7）向内回折，至左侧处用大头针固定。再向右折，调整到自然、平顺，用大头针固定，余出来的装饰带剪掉做前下片，装饰带要求褶量自然、适度，用大头针临时固定（图 4-48 ~ 图 4-51）。

（8）做中间装饰带，先从底下穿进留出合适长度，将上面装饰带回折到合适角度，再回折至右侧，调整到自然、平顺后用大头针固定，完成前片制作（图 4-52、图 4-53）。

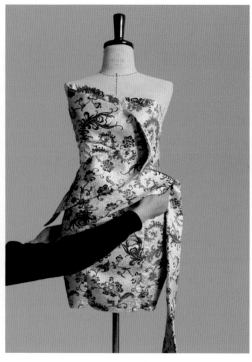

图 4-48　　　　　　　　　　　　　　　图 4-49

图 4-50

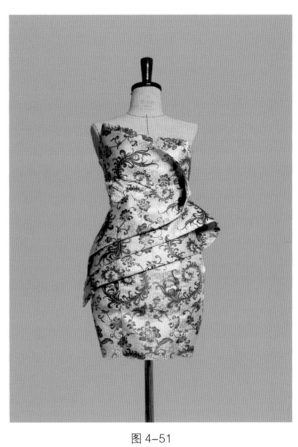

图 4-51

图 4-52

图 4-53

（9）前片完成后，前装饰带做手工处理，取下后完成整件礼服的工艺操作，调整后完成（图4-54～图4-56）。

图4-54　　　　　　　　　　　　　　　　　　　图4-55

图4-56

4.3 Christian Dior 婚纱

此款（图4-57）为Christian Dior迪奥品牌婚纱2014年春夏系列婚纱，以注重精致的手工缝制，保留婚纱美丽传统的同时，提倡摩登前卫化的设计，成为当今最受西方新娘欢迎的婚纱品牌，书写法国的浪漫情怀。通过立体剪裁给新婚女性以展示优美的身段，高贵典雅的气质，神秘而脱俗，婚纱作品简洁而梦幻，带给人瑰丽的想象，成为世人追捧的对象。

图 4-57

　　此款重点研究立体裁剪突破形式与格局的限制、持续革新的设计精神。

　　（1）取一块大小适中的面料，粘一层有纺衬，根据裙摆大小和腰围尺寸做出合适的钢撑（图4-58）。

　　（2）准备一副大小适中的胸垫，用顺色里布按胸垫形状包好，外圈包斜条扣净备用（图4-59）。

　　（3）再取合适的面料，根据面料的薄厚粘有纺衬，做出礼服基本型（底）把包好的胸垫和裙撑一起穿在人台上，并整理好（图4-60）。

　　（4）裁7cm宽斜条，缝在礼服上口从前中经过侧缝到后中（图4-61、图4-62）。

图4-58

图4-59

图4-60

图4-61

图 4-62

（5）用标记带在胸下水平位置做出标记，在左上半身，从上到下依次用斜条拉褶，前胸丰满处褶间距略大（图 4-63、图 4-64）。

（6）拉褶到所需位置，并调整间距，用立裁针固定前后两端（图 4-65、图 4-66）。

图 4-63

图 4-64

图 4-65

图 4-66

（7）根据上半身褶的走向修剪前片多余的量（图 4-67、图 4-68）。

（8）修剪后片多余的量，与后中心隐形拉锁平齐略离开一点（图 4-69、图 4-70）。

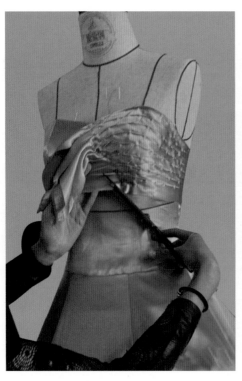

图 4-67

图 4-68

图 4-69 图 4-70

（9）右上半身用斜条与左片同宽，从上口开始前片压住左半身立裁片，盖住毛边，向后经过侧缝到后中（图 4-71、图 4-72）。

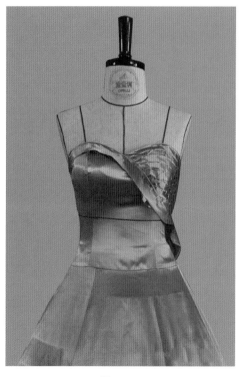 

图 4-71 图 4-72

（10）从上到下依次用斜条拉褶，方法同左片，调整后先修剪后中多余的量（图4-73、图4-74）。

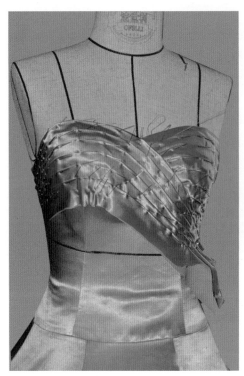

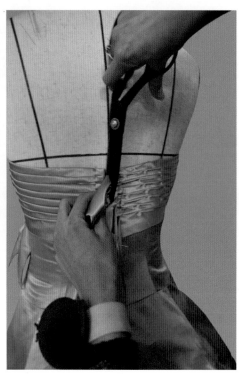

图4-73   图4-74

（11）用标记带在完成的立裁褶下口水平做出标记，在标记带外面用手针固定后修剪多余的量（图4-75、图4-76）。

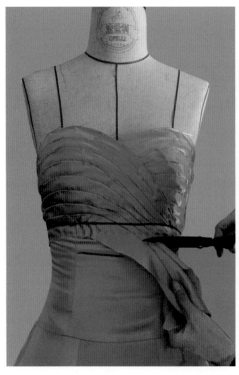

图4-75   图4-76

（12）从立裁褶下口的标记带开始向下留出腰带宽，从腰节向下到下摆做一圈顺色网纱（图4-77、图4-78）。

图4-77 图4-78

（13）做第二层顺色网纱，并做出大波浪褶造型，再在底边顺波浪褶形状加鱼骨网，用立裁针固定（图4-79、图4-80）。

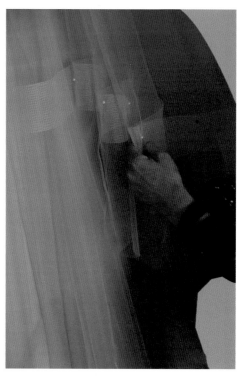

图4-79 图4-80

（14）整理造型后，修剪腰口多余的量（图4-81～图4-83）。

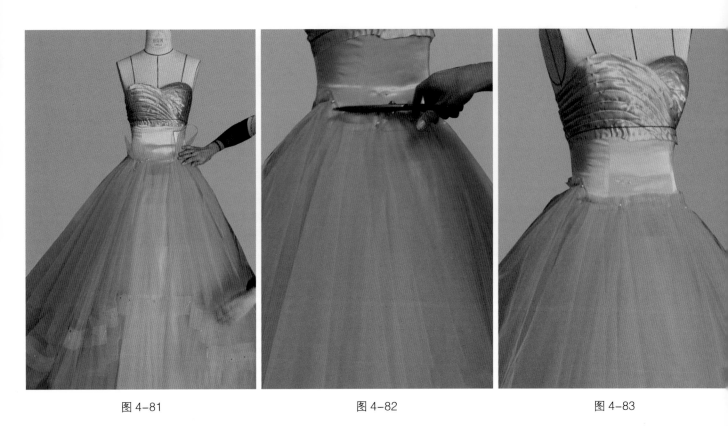

| 图4-81 | 图4-82 | 图4-83 |

（15）依次向外层做立裁大波浪造型，并在底边加鱼骨网，整理造型后修剪多余的量（图4-84、图4-85）。

| 图4-84 | 图4-85 |

（16）按腰带宽度，用顺色蕾丝在一层网纱上做出所需花型，用点钻装饰，手针修补花型（图 4-86、图 4-87）。

图 4-86　　　　　　　　　　　　　　　图 4-87

（17）腰带放在所留位置，用立裁针固定，上下均盖住立裁片毛边，后中向内做净，用立裁针固定。后中拉链两侧立裁片毛边用斜条扣净覆盖（图 4-88、图 4-89）。

图 4-88　　　　　　　　　　　　　　　图 4-89

（18）调整效果后，上下立裁片、腰带、鱼骨网，分别用手针固定（图4-90～图4-93）。

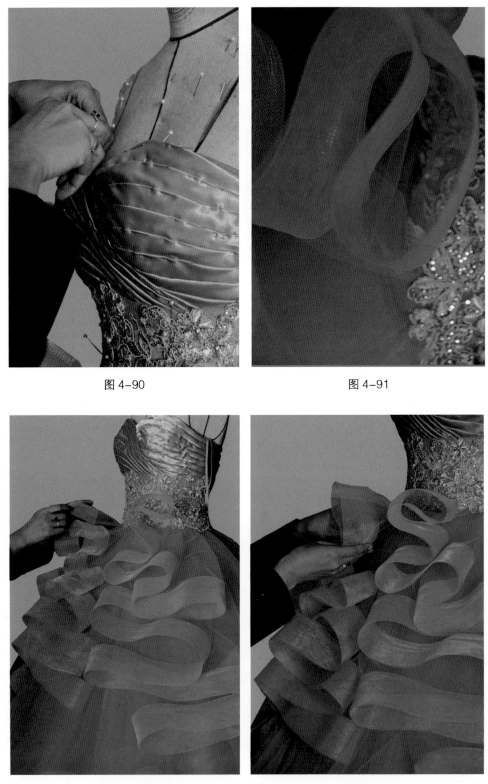

图4-90

图4-91

图4-92

图4-93

（19）将包好的胸垫固定在礼服胸甲的胸点处，再将胸甲上口与礼服上口缝合，侧缝用线襻固定（图4-94～图4-96）。

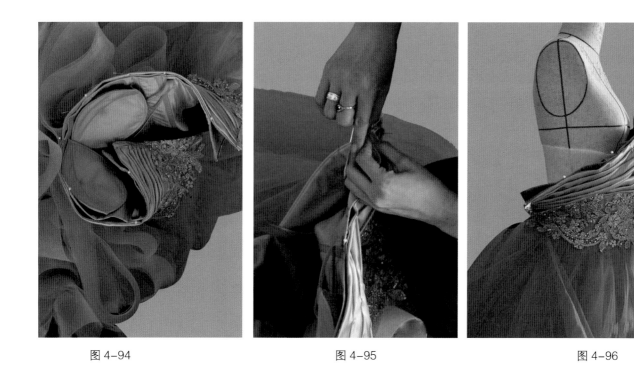

| 图4-94 | 图4-95 | 图4-96 |

（20）调整后，衣片效果展示图（图4-97）。

图4-97

4.4　Anne Barge 礼服

　　此款（图 4-98）为 Anne Barge 2013 白色礼服系列，其以简单大方的线条和极富女人味的细节塑造出成熟优雅的新娘形象。柔美的花结、飘逸的鱼尾以及带有跳跃感的裸肩、闪烁的腰饰、蓬松的裙摆……展示出女人华丽端庄的风情。

　　此款重点研究立体裁剪与柔性垂感面料相结合，展现服装优美线条。

图 4-98

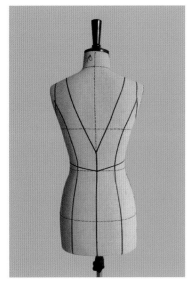
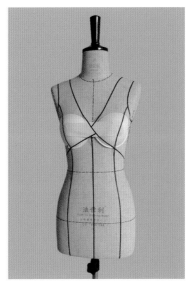

图 4-99　　　　　　　图 4-100

（1）取胸垫一副，在人台上用针固定，两胸垫之间用5cm布条绷紧，再按照款式将标记线贴好（图4-99、图4-100）。

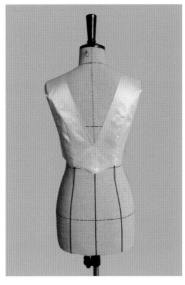

图 4-101　　　　　　　图 4-102

（2）取面料烫平，整理纱向，做前片的打底片，袖窿、领口带嵌条做后打底片，后袖窿、领口带嵌条做好后片，侧缝、肩缝用大头针与前片抓合在一起（图4-101、图4-102）。

（3）做前下打底片，用大头针与上半部分抓合在一起，做后下打底片，用大头针与后上片抓合在一起，再把侧缝抓合在一起（图4-103、图4-104）。

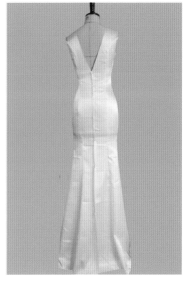
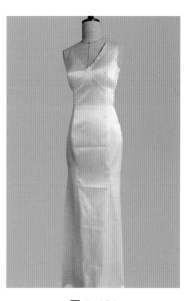

图 4-103　　　　　　　图 4-104

图 4-105　　　　　　　　图 4-106

（4）做前左上片叠褶立裁，因胸部凸起面不同，选用 15°～45° 斜度不同的面料做叠褶（图 4-105～图 4-108）。

图 4-107　　　　　　　　图 4-108

（5）完成叠褶后，用鱼线与打底片暗扦在一起（不能露出鱼线），四周与打底片临时固定，完成右上部分（图 4-109、图 4-110）。

（6）做前下片，面料烫平，选用直纱向，右侧缝处与左前胸褶量自然、适度，用大头针临时固定（图 4-111～图 4-114）。

图 4-109　　　　图 4-110

图 4-111

图 4-112

图 4-113

图 4-114

（7）左前胸处剪开（剪裁时注意不能剪过，留出缝位），使叠褶后多出的布料下垂，形成左下片自然堆积的褶量，做好前下片立裁后，把上口、侧缝与打底片临时固定（图 4-115、图 4-116）。

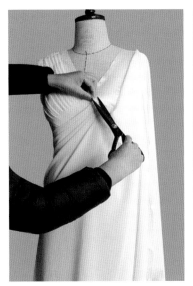

图 4-115

图 4-116

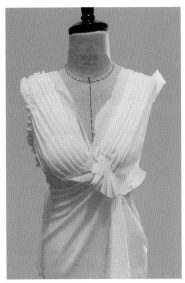

图 4-117

图 4-118

（8）做左上片立裁，操作手法同右片（图 4-117、图 4-118）。

（9）做后左上片立裁，因后片较平，选用斜度较小的面料，做好后用鱼线同打底片暗扦，四周与打底片临时固定（图4-119、图4-120）。

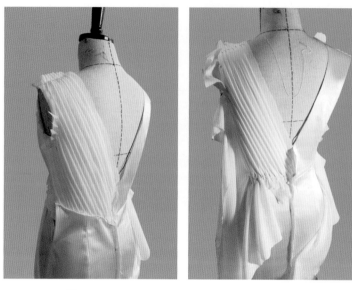

图4-119　　　　　　　　　　　图4-120

（10）后片与打底片做一样的裁片，最后完成整件礼服的工艺处理（图4-121、图4-122）。

图4-121　　　　　　　　　　　图4-122

4.5 Donna Karan 礼服

此款（图 4-123）为美国 Donna Karan 2014 春夏礼服系列，其设计构思富有激情和想象力，凭借大胆前卫的剪裁和别具匠心的选材，都为其如花般的礼服添加了神话般的光芒，如同带领姑娘们走入 "轻盈仙境"，鲜花盛开的效果美不胜收。

传统的款式，简单的色彩，凸显了复杂的立裁手法与丰富的设计构架，古典与时代之美融汇，为女性优雅的时光之旅高唱赞歌。

此款属于创意立体裁剪，通过千变万化的立裁手法，创造出绚丽的服装作品。

图 4-123

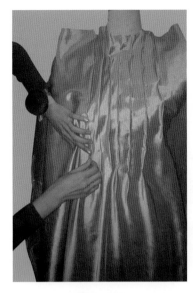

图 4-124

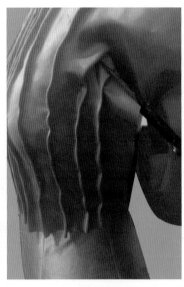

图 4-125

（1）取大小适中的面料做出礼服轮廓，里和面均粘有纺衬，增加面料的牢固性，里子上趴筋骨，起塑型和廓型作用，再取大小适中的本料，在前片上身用斜丝面料做竖向立裁褶，从前中开始分别做到两边侧缝，修剪四周多余的面料（图 4-124、图 4-125）。

（2）肩缝对齐，修剪多余面料后缝合做净，先在领口处打剪口与下面衣身做平，再修剪与礼服底完全一致（图 4-126、图 4-127）。

图 4-126

图 4-127

（3）立裁片的腰节，领口与礼服地缝合在一起，袖笼修剪底与立裁片一致，并固定在一起。大立领做横向立裁褶，袖口边横丝双折抽碎褶。领子、袖口、后中拉锁礼服底和立裁片均附在一起做，在前身腰节处用立裁胶带标记出中心线及立裁褶的位置（图 4-128 ~ 图 4-130）。

（4）取大小适中的斜丝面料，按标记带的位置从上到下，在前中位置开始至左侧缝方向做出不规则的横向立裁褶，直到所需宽度，用

图 4-128

图 4-129

图 4-130

立裁针固定后修剪前中多余的面料（图4-131～图4-133）。

图4-131 　　　　　　　　　　图4-132 　　　　　　　　　　图4-133

（5）暂时取下左边立裁片，以同样的方法，从前中到右侧缝做出与左片对称的立裁褶（图4-134、图4-135）。

图4-134 　　　　　　　　　　图4-135

（6）把完成立裁褶的两片前中缝合在一起，用立裁针固定在前身上，调整这两个位置，并修剪侧缝多余的面料。以同样的方法从左侧缝做到后中，宽度和前片一致（图4-136、图4-137）。

图4-136 　　　　　　　　　　图4-137

（7）从前中右侧公主线处向左经过侧缝到后中，用斜丝面料预留褶量并确定褶大小（图4-138、图4-139）。

（8）根据预留褶大小，从上到下依次逐个推出不规则的起泡状立裁褶，用立裁针固定（图4-140～图4-143）。

（9）调整立裁褶后按所需形状修剪，在前右用斜丝面料做向上弧的不规则立裁褶，弧度与上片褶的走向一致，整理后修剪多余的面料（图4-144、图4-145）。

图 4-138　　　　　　　图 4-139

图 4-140　　　　　　　图 4-141　　　　　　　图 4-142

图 4-143　　　　　　　图 4-144　　　　　　　图 4-145

（10）做装饰手工花，准备5cm宽横条，长度根据所需要的大小而定，用手针在一边均匀平缝抽碎褶，然后从一端开始向内卷，边卷边用手针固定，直到所需要的大小。同样方法做九朵（图4-146～图4-148）。

| 图4-146 | 图4-147 | 图4-148 |

（11）在衣身上找出花的位置，用立裁针固定。后右侧用斜丝面料在衣身上预留立裁褶量，大小与前片一致（图4-149、图4-150）。

图4-149 图4-150

（12）逐个推出起泡状立裁褶用手针固定，直到所需位置，方法同前片（图4-151、图4-152）。

图4-151　　　　　　　　　　　　　　　图4-152

（13）修剪后中多余的面料，并沿后中隐拉做净，用立裁针固定。找出腰节上褶位，用立裁胶带做出标记，并做净用立裁针固定，再找出腰节下的褶位，用立裁针固定后修剪多余的面料（图4-153 ～图4-155）。

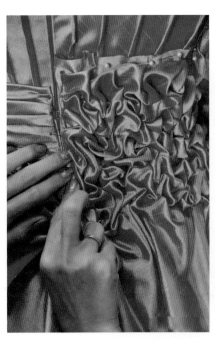

图4-153　　　　　　　　　　图4-154　　　　　　　　　　图4-155

（14）裙摆立裁斜条做法，裁斜丝条面料 13cm 宽，麻衬条 5cm 宽。以麻衬宽度为准扣净，用双面胶粘合，同样方法做 10 条备用（图 4-156）。

（15）在衣身上找出立裁条的位置及形状，用立裁针固定（图 4-157、图 4-158）。

图 4-156   图 4-157   图 4-158

（16）取大小适中的面料，用双面胶和硬网纱粘合，做出适当的硬度，在衣身左侧做大波浪立裁褶（图 4-159、图 4-160）。

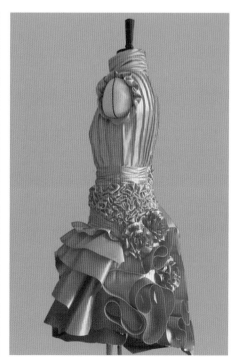

图 4-159   图 4-160

（17）调整各种立裁褶之间的衔接和整体效果，并将各部位做净（图4-161～图4-163）。

（18）在衣身上用手针精细缝合固定调整好的各种立裁褶（图4-164～图4-166）。

图4-161

图4-162

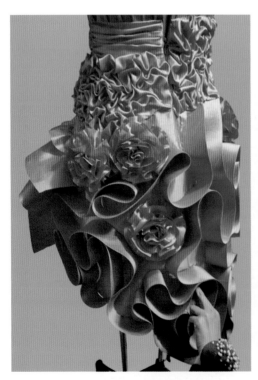

图4-163

图4-164

图 4-165

图 4-166

手工设计 篇

第5章 手工花与盘扣

　　近几年，具有中国服饰文化元素的手工花、盘扣被国际服装知名品牌采用，并引起一股时尚风。手工制作花朵和盘扣，是创意设计立体裁剪不可缺少的部分，在婚纱礼服服装创意过程中大量运用这种手工制作，成为装饰服装的点睛之笔，生动地表现着服饰重意蕴、重内涵、重主题的装饰趣味。

5.1 花盘扣制作

（1）取正斜丝面料，将面料平放在桌子上，保持桌面平整，按所需的宽度将一边压住，按面料的丝道将糨糊涂抹均匀，反复两次，在第一次糨糊八成干的时候，即可刮第二次（图5-1、图5-2）。

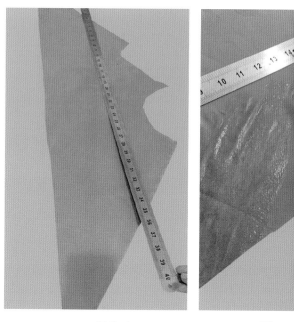

图5-1　　　　　　　　　　图5-2

（2）借助尺子画1.3cm宽的直线（宽度可根据自己所需而定），深色面料可以用锥子去画（图5-3、图5-4）。

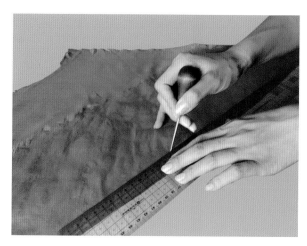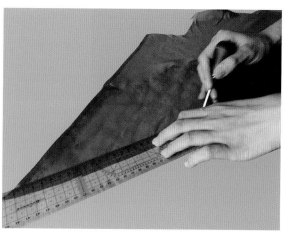

图5-3　　　　　　　　　　图5-4

（3）按所画的宽度仔细裁剪，牙子的宽度是否整齐取决于画和剪这两步（图5-5、图5-6）。

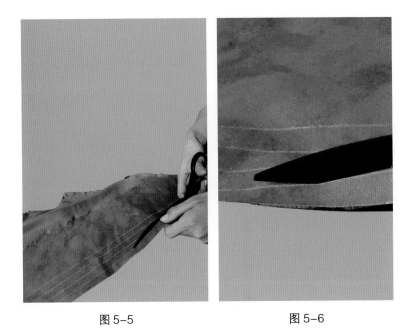

图 5-5　　　　　　　　　　　　图 5-6

（4）按照宽度的1/2对折，左右各对折一次，每次宽度小于1/4，在中心线处预留一个能放铁丝的量，左右不可以互搭（图5-7、图5-8）。

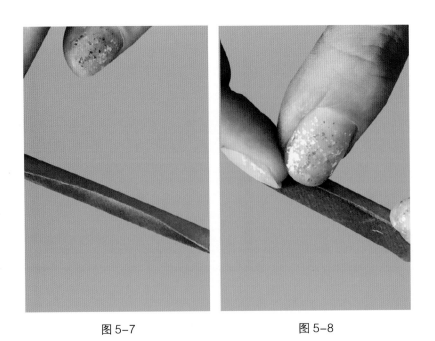

图 5-7　　　　　　　　　　　　图 5-8

（5）剪一条双面胶宽度是牙子的1/2，长度与牙子相等，放在折好的牙子的中间（图5-9、图5-10）。

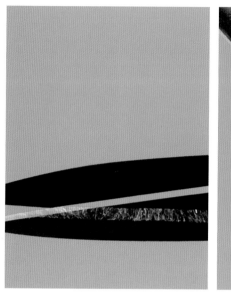
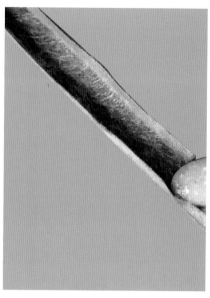

图5-9 图5-10

（6）将双面胶与牙子放平用熨斗烫化，再准备一根5号铜丝与一条双面胶，双面胶的宽度小于1/4，长度与牙子相等，将铜丝放在牙子的中心线处，中间加双面胶放平用熨斗烫化（图5-11、图5-12）。

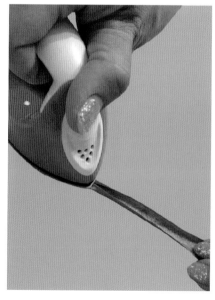
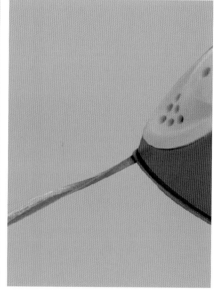

图5-11 图5-12

（7）用同样的方法取不同颜色的面料刮糨糊，裁 2cm 宽，沿中心线对折中间加双面胶用熨斗烫化。将烫好的两种颜色双折的一面对齐，用双面胶粘合后，用熨斗反复压烫几次，使双面胶完全融化，修剪多余的面料（图 5-13、图 5-14）。

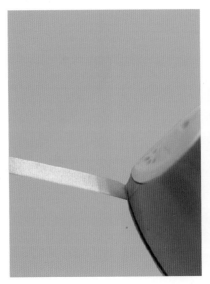

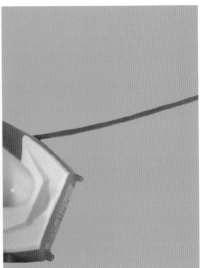

图 5-13 　　　　　　图 5-14

（8）按花扣的形状准备 1：1 的画稿。花型可以根据服装调整设计大小，用牙子按照画稿，折出花扣的形状，用镊子把对折处掐紧（图 5-15 ~ 图 5-18）。

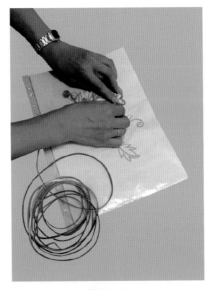

图 5-15 　　　　　　图 5-16

图 5-17 　　　　　　图 5-18

（9）折好型后，将花型间的衔接点以偷针的方式用手针固定，衔接面用液体胶固定，边固定边调整花型（图5-19、图5-20）。

（10）用两层面料绡中间加双面胶烫化做平，将绡平整放在花扣的下面手针固定（图5-21）。

| 图5-19 | 图5-20 | 图5-21 |

（11）修剪底部多余的面料，在花扣的中间填珠子，用手针固定，根据所需选择渐变的颜色。还可以根据服装的款式不同装饰花扣的表面，例如：填棉花、烫钻等不同装饰手法（图5-22～图5-26）。

| 图5-22 | 图5-23 | 图5-24 |

| 图5-25 | 图5-26 |

5.2　紫花书制作

（1）取横丝面料，裁长 70cm，宽 5cm，将其对折，从条子的一端对折的方向开始，用手针平缝，边平缝边叠褶，褶向要一致。褶量和褶距可根据花的造型大小来定（图 5-27、图 5-28）。

（2）缝制结束后，从一端开始按由紧到松的手法边向内卷边用手针固定，并整理出花的造型，做好花备用（图 5-29、图 5-30）。

图 5-27　　　　　　　图 5-28　　　　　　　图 5-29　　　　　　　图 5-30

（3）用 4 ~ 6cm 的鱼骨网，裁成 4 条长 11cm，2 条长 13cm，1 条长 15cm，1 条长 18cm，1 条长 28cm（鱼骨网的宽度与长度可根据所需花的造型来定）。分别将裁好的鱼骨网条先横向对折再竖向对折，将两端捏在一起用手针固定（图 5-31、图 5-32）。

 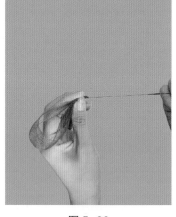

图 5-31　　　　　　　图 5-32

（4）将做好的鱼骨网在大小适中的圆形底托上摆好所需造型，用胶枪粘合固定（图 5-33、图 5-34）。

图 5-33　　　　　　　图 5-34

（5）将之前做好的花放在中心处与其粘合固定（图5-35、图5-36）。

（6）整理正反造型使其达到美观的效果，将底托加固粘合（图5-37、图5-38）。

图5-35

图5-36

图5-37

图5-38

（7）再取2条长10cm的鱼骨网，将两端捏住呈叶子的形状，将一端固定在底托底部，另一端粘钻，取3根大小适中与花朵造型相匹配的羽毛，在底托上粘合固定，根据所需在底部加胸针或者卡子（图5-39~图5-41）。

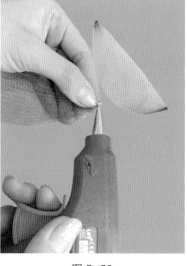

图5-39

图5-40

图 5-41

（8）根据自己所需可以变换花型和款式，也可以用两种或多种颜色搭配完成（图5-42、图5-43）。

图 5-42

图 5-43

5.3 琵琶扣制作

（1）取正斜丝面料，4cm宽，大于30cm长条，沿宽度对折缝0.4cm宽，然后带线翻过来，条子应做的饱满些（图5-44、图5-45）。

图 5-44   图 5-45

（2）将条子在食指上由上向下缠绕，然后从下向上在大拇指上缠绕（图5-46、图5-47）。

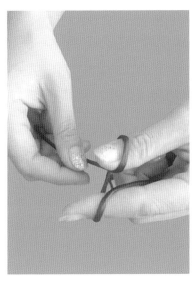

图 5-46   图 5-47

（3）将大拇指上的圈取下放在食指上，与食指上的圈交叉后上面形成一个个小圈（图5-48、图5-49）。

图 5-48   图 5-49

图 5-50

图 5-51

（4）将里侧的一端条子从下向上穿到小圈里，两根条子拉平，中间形成一个小洞。从食指上取下（图 5-50、图 5-51）。

图 5-52

图 5-53

（5）将作品翻过来，条子的两端在下面（从食指取下来的圈在上面）。将条子的两端从下向上分别绕半圈后经过上面圈的两侧同时穿在中间的小洞里（图 5-52、图 5-53）。

图 5-54

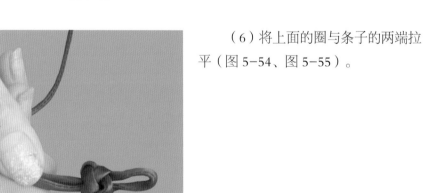
图 5-55

（6）将上面的圈与条子的两端拉平（图 5-54、图 5-55）。

（7）整理扣头，将缝合的线迹藏在里面，用镊子紧到所需大小，外形圆滑美观。将条子缝合的线迹朝下（图5-56、图5-57）。

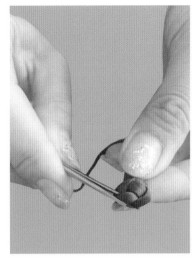 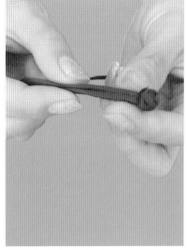

图5-56　　　　　　　　　　图5-57

（8）将一根条子按枇杷扣所需大小，放在另一根条子的上面，再从尾部到扣头绕圈（图5-58、图5-59）。

（9）再从扣头底部向上至枇杷扣尾部继续绕圈，连续三次。也可根据枇杷扣的大小款式绕四圈（图5-60～图5-63）。

 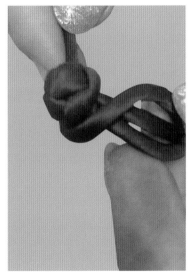

图5-58　　　　　　　　　　图5-59

图5-60　　　　　　　图5-61　　　　　　　图5-62　　　　　　　图5-63

（10）绕好三圈之后，将条子从上向下穿到最后一个小圈里（图5-64、图5-65）。

图5-64

图5-65

（11）整理好造型之后，修剪多余的条子，并用手针在底部固定（图5-66～图5-69）。

图5-66

图5-67

图 5-68

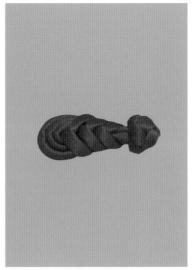
图 5-69

（12）留出与扣头匹配的扣
袢大小，用同样的方法将一端条
子从另一端条子的上面连续绕三
圈（图 5-70～图 5-73）。

图 5-70

图 5-71

图 5-72

图 5-73

（13）用同样的方法将条子末端穿到最后一个小圈里，整理好造型之后，在反面用手针固定（图 5-74 ~ 图 5-77）。

图 5-74

图 5-75

图 5-76

图 5-77

（14）完成（图 5-78）。

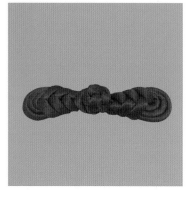
图 5-78

5.4 粉色花制作

（1）准备大小合适的面料，取一个斜边长90cm，宽15cm，裁一根斜条（图5-79、图5-80）。

（2）将斜条宽度两边对折，长度方向错开3cm左右，从连折的一端开始用手针均匀平缝（图5-81～图5-84）。

（3）沿对折的一边，按错开的量均匀的缝合，边缝合边抽碎褶（图5-85、图5-86）。

（4）快缝合到另一端时把两层对齐，修剪多余的量，然后一直缝到连折的一边（图5-87、图5-88）。

图5-79　　　　　　图5-80　　　　　　图5-81　　　　　　图5-82

图5-83　　　　　　图5-84　　　　　　图5-85

图5-86　　　　　　图5-87　　　　　　图5-88

图 5-89　　　　　　　　图 5-90

（5）均匀整理好碎褶的量（图 5-89、图 5-90）。

（6）从一端开始向里卷，边卷边用手针固定，开始的一端为花心略卷紧一点（图 5-91~图 5-93）。

（7）依次向外边卷边放松量并用收针固定（图 5-94、图 5-95）。

（8）整理好花瓣效果在底部结束收针缝合（图 5-96、图 5-97）。

（9）完成（图 5-98）。

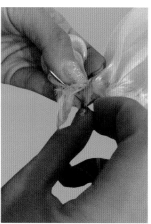

图 5-91　　　　　图 5-92　　　　　图 5-93　　　　　图 5-94

图 5-95　　　　　图 5-96　　　　　图 5-97　　　　　图 5-98

5.5 一字扣制作

（1）取正斜丝面料，4cm 宽，大于 30cm 长条，沿宽度对折缝 0.4cm 宽，然后带线翻过来，条子做的饱满些（图 5-99、图 5-100）。

图 5-99   图 5-100

（2）将条子在食指上由上向下缠绕，然后从下向上在大拇指上缠绕（图 5-101、图 5-102）。

（3）将大拇指上的圈取下放在食指上，与食指上的圈交叉后上面形成一个个小圈（图 5-103）。

（4）将里侧的一端条子从下向上穿到小圈里，两根条子拉平，中间形成一个小洞。从食指上取下（图 5-104、图 5-105）。

 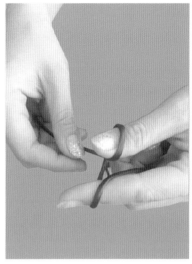

图 5-101   图 5-102

  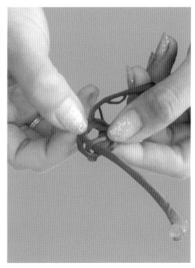

图 5-103   图 5-104   图 5-105

　　（5）将作品翻过来，条子的两端在下面（从食指取下来的圈在上面）。将条子的两端从下向上分别绕半圈后经过上面圈的两侧同时穿在中间的小洞里，将上面的圈与条子的两端拉平（图5-106、图5-107）。

　　（6）整理扣头，将缝合的线迹藏在里面，用镊子紧到所需大小，外形圆滑美观。将条子缝合的线迹朝下（图5-108、图5-109）。

图5-106　　　　　　　　　　图5-107

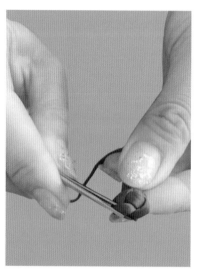 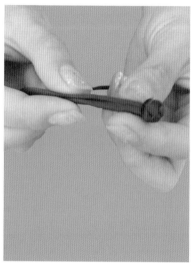

　　（7）取不同颜色的面料粘衬，宽2cm，大于扣子的长度，沿宽度对折缝合0.2固定。修剪宽度将一端塞在扣头里面两个条子的中间（图5-110～图5-113）。

图5-108　　　　　　　　　　图5-109

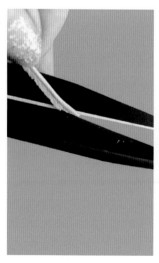   

图5-110　　　　　　图5-111　　　　　　图5-112　　　　　　图5-113

（8）从扣头一端开始边缝合边整理，线距0.2cm，缝线高度到条子的一半（图5-114、图5-115）。

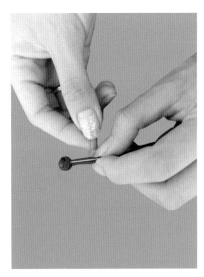

图 5-114

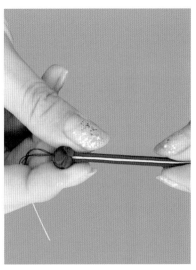

图 5-115

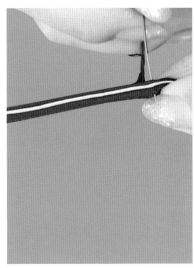

图 5-116

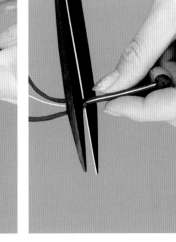

图 5-117

（9）缝至所需长度，尾部固定，修剪多余的部分。尾部向下折尽，核实尺寸（图5-116、图5-117）。

图 5-118

图 5-119

（10）尾部向下折进做净，核实尺寸，用手针固定（图5-118 ~ 图5-121）。

（11）用同样的条子与扣袢的大小相同，夹心、缝合与扣头制作方法相同，长短一致（图 5-122～图 5-125）。

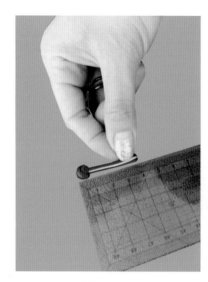

图 5-120

图 5-121

图 5-122

图 5-123

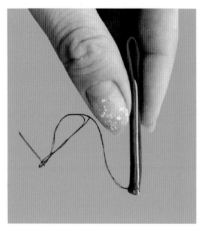

图 5-124

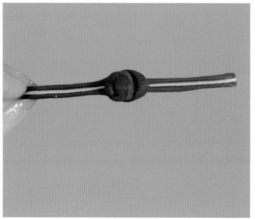

图 5-125